全国技工院校机械类专业通用（高级技能层级）

液压技术（第四版）习题册

王希波　主编

中国劳动社会保障出版社

简介

本习题册是全国技工院校机械类专业通用教材（高级技能层级）《液压技术（第四版）》的配套用书。本习题册紧扣教学要求，按照教材章节顺序编排，知识点分布均衡，题型丰富多样，难易配置适当，有助于学生复习巩固所学知识。

本习题册由王希波主编，肖晓、王雪参加编写，徐仰士主审。

图书在版编目(CIP)数据

液压技术（第四版）习题册 / 王希波主编．--北京：中国劳动社会保障出版社，2020
全国技工院校机械类专业通用．高级技能层级
ISBN 978-7-5167-4391-1

Ⅰ.①液… Ⅱ.①王… Ⅲ.①液压技术－技工学校－习题集 Ⅳ.①TH137-44

中国版本图书馆 CIP 数据核字（2020）第 086587 号

中国劳动社会保障出版社出版发行
（北京市惠新东街 1 号 邮政编码：100029）
*
三河市潮河印业有限公司印刷装订 新华书店经销

787 毫米 ×1092 毫米 16 开本 5.5 印张 129 千字
2020 年 7 月第 1 版 2024 年 11 月第 5 次印刷
定价：11.00 元

营销中心电话：400-606-6496
出版社网址：http：//www.class.com.cn
http：//jg.class.com.cn

目　录

第一章　液压传动基本知识

§1-1　液压传动系统概述

一、选择题（将正确答案的序号填写在括号内）

1．液压传动系统中，属于动力元件的是（　　）。

A．液压泵　　B．液压缸　　C．过滤器　　D．压力控制阀

2．液压传动系统中，属于执行元件的是（　　）。

A．液压油　　B．液压缸和液压马达

C．速度控制阀　　D．油管

3．图形符号不表示元件的（　　）。

A．职能　　B．控制方式　　C．外部连接口　　D．具体结构

4．液压传动系统具有（　　）的优点。

A．可在高温环境下工作　　B．可远距离输送

C．质量轻，体积小　　D．定比传动准确

5．下面关于液压传动描述不正确的是（　　）。

A．承载能力大　　B．不易泄漏

C．易实现无级调速　　D．易实现过载保护

二、判断题（正确的，在括号内打√；错误的，在括号内打×）

1．液压传动系统的执行部分将原动机输出的机械能转换为油液的压力能。（　　）

2．蓄能器属于动力部分。（　　）

3．控制部分用来控制和调节油液的压力、流量和流动方向。（　　）

4．因为液压油不可压缩，所以液压传动不够平稳。（　　）

5．液压传动易实现复杂的自动工作循环。（　　）

6．液压传动系统必须配备润滑装置。（　　）

7．液压辅助元件在液压传动系统中可有可无。（　　）

8．液压传动易实现无级调速，但不容易实现低速度运动。（　　）

9．液压元件的制造对精度要求较高。（　　）

10．油液中的空气对改善液压传动系统的工作性能是有益的。（　　）

11．油液污染后会影响系统工作的可靠性。（　　）

12．液压传动系统发生故障后很难找到故障点。（　　）

三、填空题（将正确答案填写在横线上）

1．液压传动是用__________作为工作介质来传递能量和进行控制的传动方式，属于________传动。

2．液压传动系统由____________、____________、____________、____________和

__________五部分组成。

3．用图形符号表达液压传动系统工作原理的示意图称为__________________图。

4．液压元件已实现________化、________化和________化。

5．液压传动易于获得很大的________和________。因此，广泛用于压制机、隧道掘进机、万吨轮船舵机和万吨水压机等。

四、名词解释

1．液压传动系统的动力部分

2．液压传动系统的执行部分

3．液压传动系统的控制部分

4．液压传动系统的辅助部分

五、问答题

1．结合图 1–1 所示填空并分析液压千斤顶的吸油和压油过程。

（1）指出各零件的名称。

1____________；2____________；

3____________；4____________；

5____________；6____________；

7____________；8____________；

9____________；10____________；

11____________；12____________。

（2）分析小活塞吸油过程。

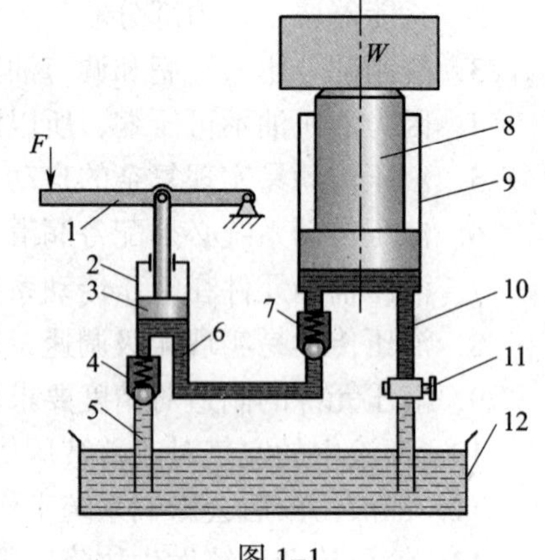

图 1–1

（3）分析小活塞压油过程。

2．简述液压传动的工作原理。

六、应用题

1．在实训车间用一台液压千斤顶进行起重试验，体会液压传动的工作原理。

2．GB/T 786.1—2009《流体传动系统及元件图形符号和回路图　第1部分：用于常规用途和数据处理的图形符号》对液压气动元（辅）件的图形符号已做了具体规定，查找资料，绘制油箱、单向阀、某一种液压缸和某一种液压泵等液压元件的图形符号。

§1-2 液 压 油

一、选择题（将正确答案的序号填写在括号内）

1．若液压油的黏度过大，则（　　），且液压泵的工作状况恶化。

A．系统压力损失小　　B．系统压力损失大

C．有益于液压泵工作　　D．泄漏增加

2．为了使液压传动系统正常稳定工作，要求液压油的黏度（　　）。

A．温度升高时略有增加　　B．温度升高时略有降低

C．随温度的变化要小　　D．随温度的变化要大

3．液压油被乳化后（　　）。

A．提高了液压油的质量　　B．消除沉淀物

C．防止金属锈蚀　　D．降低润滑性

4．在寒区或严寒区作业的工程机械，其液压传动系统中使用的液压油是（　　）型液压油。

A．L-HL　　B．L-HM　　C．L-HV　　D．L-HG

二、判断题（正确的，在括号内打√；错误的，在括号内打 ×）

1．液压油的密度随温度的升高而增大，随压力的升高而减小，但变化幅度很小，通常可以忽略不计。（　　）

2．对于一般的液压传动系统，可以认为液压油是不可压缩的。（　　）

3．液压油的黏度随压力的增大而减小，但减小的数值不大。（　　）

4．液压油的黏度既不能太大，也不能太小，应在保证承载能力的条件下，选择合适的黏度。（　　）

5．液压油在经过液压泵、液压阀等元件时，要经受剧烈的剪切作用，这样会使液压油的黏度降低。（　　）

6．液压油的黏度越大，克服阻力消耗的功率也越大，这部分损失的功率转换成热量使油液温度升高，产生不利影响，因此油液的黏度越小越好。（　　）

7．液压油黏度越小，容积效率也越低。（　　）

8．环境温度高时，宜选用黏度小的液压油；环境温度低时，宜选用黏度大的液压油。（　　）

三、填空题（将正确答案填写在横线上）

1．液压油在液压传动系统中除了传递________外，还起着________、________、防腐、防锈、清洁和减振等作用。

2．液体只有在________或________________时，才会呈现黏性。________的液体是不会呈现黏性的。

3．液压油在液压传动系统中除了起着传递能量的作用外，同时还起着________运动零件工作表面和保护________不被锈蚀的作用。

4. 液压油需要对液压传动系统中各运动部件起润滑作用，因此要求液压油生成的油膜________要高、________要强，这样不易形成干摩擦。

5. 气泡或雾沫空气会使系统的________降低，润滑条件恶化，系统工作不正常。

6. 液压油黏度大时，阻力也______，克服阻力消耗的功率也______。

7. 当系统的工作压力较高时，应选用黏度________的液压油，以减少系统的泄漏；当系统的工作压力较低时，宜选用黏度________的液压油。

8. 液压油污染的原因主要有__________污染、__________污染和__________污染等。

四、名词解释

1. 液压油的密度

2. 液压油的可压缩性

3. 液压油的黏性

五、问答题

1. 对液压油的基本要求主要有哪些？

2. 为什么要求液压油要具有良好的抗氧化性？

3. 简述选用液压油的一般原则。

4. 液压油污染的控制方法有哪些？

§1-3　流体力学基础

一、选择题（将正确答案的序号填写在括号内）

1. 绝对压力等于（　　）。

A. 大气压力 – 相对压力　　B. 相对压力 – 大气压力

C. 大气压力 + 相对压力　　D. 表压力

2. 在液压传动中，计算油液的压力时，油液自重产生的压力（　　）。

A. 必须考虑　　B. 一般可忽略不计

C. 负载大时考虑　　D. 负载小时考虑

3. 系统中出现液压冲击时，液体压力瞬时峰值可能比正常工作压力（　　）。

A. 小 50%　　B. 小很多　　C. 大一倍　　D. 大好几倍

4.（　　）可防止和减少系统的液压冲击。

A. 加快阀的关闭速度　　B. 增加油液在管道中的流速

C. 用金属管代替橡胶软管　　D. 安装蓄能器

5. 液压传动系统中出现气穴现象时，大量的气泡破坏了液流的连续性，（　　）。

A. 造成流量和压力脉冲　　B. 造成流量损失

C. 造成压力损失　　D. 保护金属表面

二、判断题（正确的，在括号内打√；错误的，在括号内打 ×）

1. 液压传动系统中油液的压力取决于液压泵的输出压力。（　　）

2. 液压传动系统中，当有几个负载并联时，系统压力的大小取决于负载中的最小者。（　　）

3. 压力损失有百害而无一利。（　　）

4. 管道越长，压力损失越大；液体的黏度越大，压力损失越小。（　　）

5. 液压缸在工作时既存在外泄漏也存在内泄漏。（　　）

6. 泄漏既有有害的一面，也有有益的一面。（　　）

7. 在液压传动系统中，流动的液体突然受阻，会迅速将动能转换成压力能，从而引起压力的急剧升高。（　　）

8. 空穴现象不会使液压元件的工作性能变差，寿命缩短。（　　）

三、填空题（将正确答案填写在横线上）

1. 以绝对真空作为基准所表示的压力称为________压力，以大气压力作为基准所表示的压力称为________压力。

2. 液压传动系统中油液的压力取决于__________的大小，且随负载__________的变化而变化。

3．阻碍液体流动的阻力称为________。

4．在液压传动系统中，液体在流动的过程中为了克服液阻而产生能量损失称为________损失，泄漏造成的损失称为________损失。

5．液体在等径直管中流动时，因其黏性摩擦而产生的压力损失，称为________压力损失；液体流经管道的弯头、接头、突变截面以及阀口、滤网时，由液体速度的大小和方向突然改变等引起的压力损失称为________压力损失。

6．溢流阀、减压阀、节流阀等都是利用__________及__________的液压阻力来进行工作的。

四、名词解释

1．液压传动系统的压力

2．帕斯卡原理

3．流量

4．流速

5．液压冲击

6．空穴现象

五、问答题

1．液体的静压力有哪两个特性？

2．减小管路中压力损失的措施有哪些？

3．什么是泄漏？

4．液压传动系统的泄漏有哪些危害？

5．减少泄漏的措施有哪些？

6．液压传动系统产生液压冲击的原因有哪些？

7. 减少和防止空穴现象发生的措施有哪些？

六、计算题

1. 如图 1–2 所示液压传动系统，已知活塞有效作用面积 $A=5\times10^{-3}\ \text{m}^2$，外力 $F=10\ 000\ \text{N}$，若油液进入液压缸的流量为 $8.33\times10^{-4}\ \text{m}^3/\text{s}$。不计损失，试计算：

（1）液压缸工作压力。

（2）活塞的运动速度 v。

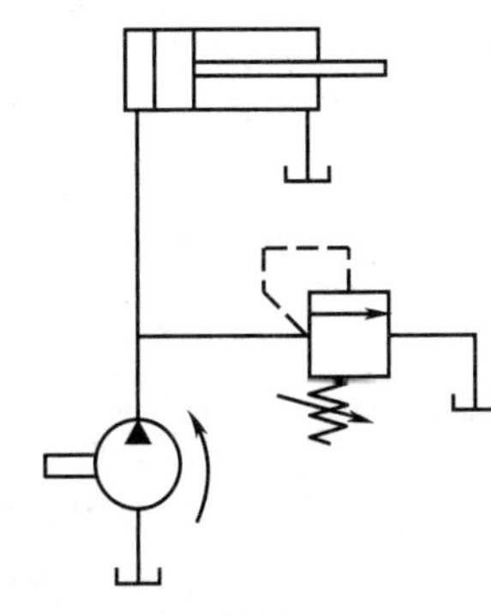

图 1–2

2. 如图 1–3 所示液压千斤顶工作原理图，图中 F 是人手按动手柄的力，假定 $F=294\ \text{N}$，$A_1=1\times10^{-3}\ \text{m}^2$，$A_2=5\times10^{-3}\ \text{m}^2$。不计损失，试计算：

（1）作用在小活塞上的力 F_1 及此时系统中的压力 p。

（2）大活塞能顶起多重的重物。

（3）大、小活塞的运动速度哪一个快？快多少倍？

（4）设需顶起重物 $G=19\ 600\ \text{N}$ 时，系统中的压力 p 又为多少？要能顶起此重物，作用在小活塞上的力 F_1 应为多少？

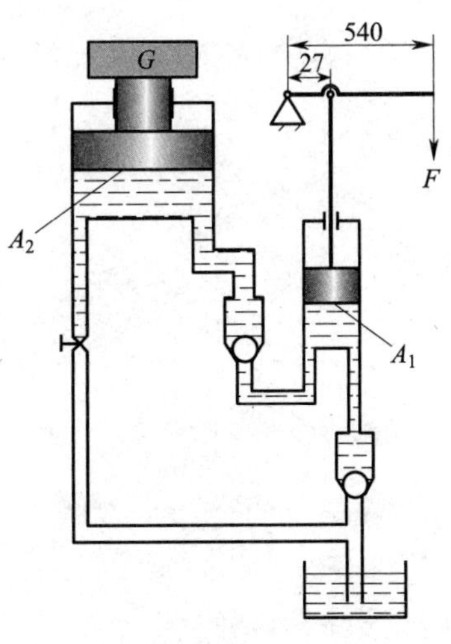

图 1–3

3．已知图 1–4 中小活塞的面积 $A_1=1\times10^{-3}\ m^2$，大活塞的面积 $A_2=1\times10^{-2}\ m^2$，管道的截面积 $A_3=2\times10^{-4}\ m^2$。试计算：

（1）若能抬起 $W=1\times10^5$ N 的重物，施加在小活塞上的力 F 应为多少？

（2）当小活塞以 v_1 =1 m/min 的速度向下移动时，求大活塞上升的速度 v_2。

（3）管道中液体的流速 v_3。

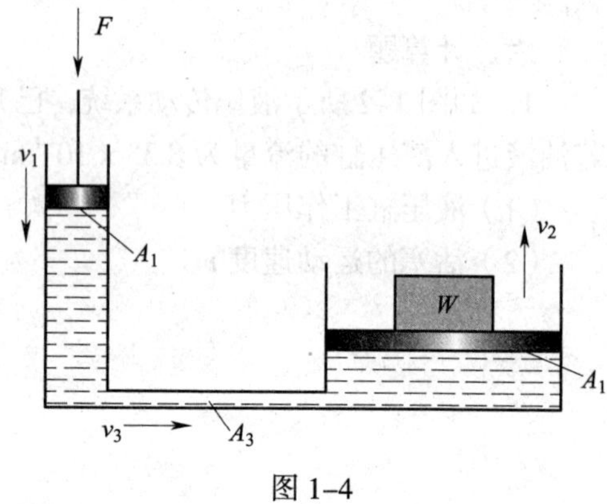

图 1–4

第二章 液压泵与液压马达

§2-1 液压泵概述

一、选择题（将正确答案的序号填写在括号内）

1. 液压泵是通过（　　）来进行吸油和压油的。
   A．吸油口和压油口的单向阀　　B．大气压力
   C．电动机高速旋转　　D．密封容积的周期性变化
2. 液压泵属于液压传动系统的（　　）。
   A．动力部分　　B．执行部分　　C．控制部分　　D．辅助部分
3. 当负载发生变化时，液压泵的下列指标中（　　）变化。
   A．额定压力　　B．工作压力　　C．最高压力　　D．流量
4. 只能用作低压定量泵的是（　　）。
   A．外啮合齿轮泵　　B．单作用式叶片泵
   C．轴向柱塞泵　　D．径向柱塞泵
5. 双作用式叶片泵（　　）。
   A．只能用作变量泵　　B．只能用作定量泵
   C．可用作变量泵或定量泵
6. 柱塞泵（　　）。
   A．只能用作变量泵　　B．只能用作定量泵
   C．可用于高压场合　　D．只能用于低压场合
7. 单向变量液压泵的图形符号是（　　）。
   A． 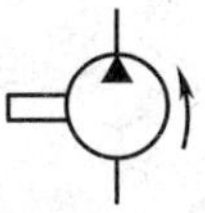　　B． 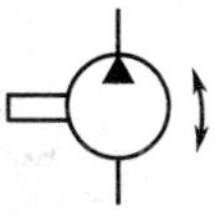　　C． 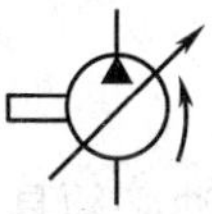　　D．

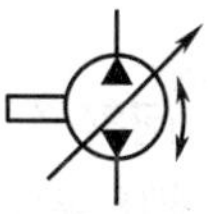

二、判断题（正确的，在括号内打√；错误的，在括号内打 ×）

1. 按照结构不同，液压泵分为低压泵、中压泵和高压泵等。（　　）
2. 液压泵的输出流量皆可调节。（　　）
3. 液压泵的工作压力与流量无关。（　　）
4. 液压泵的额定压力主要受电动机转速的限制。（　　）
5. 液压泵不可以在最高压力下运行。（　　）
6. 排量与电动机转速有关，与液压泵的几何尺寸无关。（　　）

三、填空题（将正确答案填写在横线上）

1. 液压泵是将电动机的________能转换为油液的________能的一种能量转换装置。
2. 按照结构不同，液压泵分为__________、__________和__________等。

3．液压泵工作压力的大小取决于＿＿＿＿＿的大小和排油管路上的＿＿＿＿损失。

4．液压泵应该在＿＿＿＿压力以下运行，不可以在＿＿＿＿压力下长时间运行，否则液压泵就会损坏。

5．排量可调节变化的液压泵称为＿＿＿＿＿，排量不可调节变化的液压泵称为＿＿＿＿。

6．液压泵单位时间内所排出的液体的体积称为＿＿＿＿。

7．实际输出流量与理论流量的比值称为＿＿＿＿＿＿。

四、名词解释

1．容积泵

2．液压泵的额定压力

3．液压泵的最高压力

4．液压泵的排量

5．液压泵额定流量

五、问答题

1．液压泵实现吸油和压油必须具备哪些条件？

2．什么是液压泵的机械损失？

§2-2 齿 轮 泵

一、选择题（将正确答案的序号填写在括号内）

1．在摆线齿内啮合齿轮泵中，小齿轮和内齿轮只相差（　　）个齿。

A．1　　B．2　　C．3　　D．4

2．泄漏是导致齿轮泵（　　）低的原因。

A．流量　　B．排量

C．机械效率　　D．容积效率

3．齿轮泵的轴向泄漏量最大，约占总泄漏量的（　　）。

A．50%～60%　　B．60%～70%

C．70%～80%　　D．80%～90%

4．齿轮泵要平稳工作，齿轮啮合的重叠系数必须（　　）。

A．小于 1　　B．大于 1　　C．等于 1　　D．等于 2

5．齿轮泵主要用于小于（　　）MPa 的低压系统中。

A．1　　B．1.5　　C．2　　D．2.5

二、判断题（正确的，在括号内打√；错误的，在括号内打 ×）

1．外啮合齿轮泵的两齿轮轴上齿轮的齿数相同。（　　）

2．在外啮合齿轮泵的齿轮端面和泵盖之间不能有间隙。（　　）

3．因为齿轮泵的泄漏比较严重，因此，普通齿轮泵的容积效率较低，输出压力也不容易提高。（　　）

4．齿轮泵在工作时，作用在齿轮外圆上的压力是均匀的。（　　）

5．齿轮泵工作可靠，不易出现咬死现象，但自吸性差。（　　）

6．齿轮泵的转速范围大。（　　）

7．齿轮泵对油污不敏感，可输送黏度较大的油液。（　　）

8．齿轮泵常用于负载小、功率小的机床设备及机床辅助设备。（　　）

三、填空题（将正确答案填写在横线上）

1．齿轮泵是以成对________啮合运动完成吸油和压油动作的一种定量液压泵，有__________和__________两类，而__________齿轮泵应用较多。

2．内啮合齿轮泵有______齿形和_________齿形两种。

3．______、____________和________________是齿轮泵运行中的三大问题。

4．齿轮泵的泄漏主要有_________泄漏、______泄漏和______泄漏。

5．困油现象使泵产生强烈的______和______。

6．齿轮泵结构______、体积____、质量____。

7．内啮合齿轮泵与外啮合齿轮泵相比，其流量和压力脉动____，工作压力____，效率____，噪声____。

四、名词解释

1. 啮合线泄漏

2. 径向泄漏

3. 轴向泄漏

五、问答题

1. 结合图 2–1 所示，分析外啮合齿轮泵的工作原理。

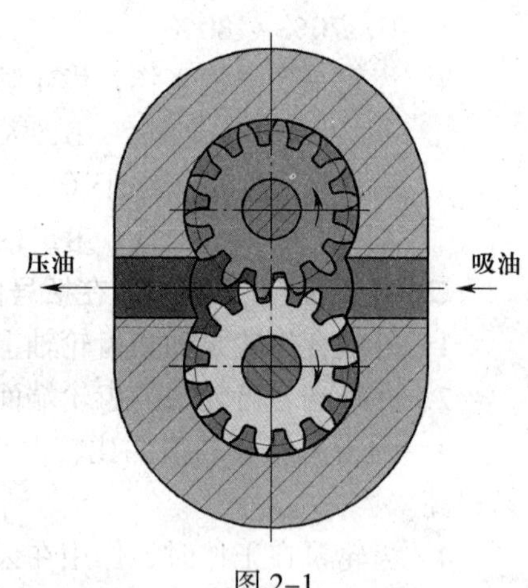

图 2–1

2. 什么是困油现象？

3. 齿轮泵在工作时，为何会产生径向不平衡力？

4. 齿轮泵有何缺点？

§2-3 叶 片 泵

一、选择题（将正确答案的序号填写在括号内）

1．单作用式叶片泵的定子的内表面是（　　）。

A．圆柱面　　B．圆锥面

C．平面与圆柱面形成的组合面　　D．非圆曲面

2．改变单作用式叶片泵的定子和转子之间的偏心距便可改变泵的输出（　　）。

A．功率　　B．方向　　C．压力　　D．流量

3．单作用式叶片泵的叶片安装位置有一个与旋转方向相反的倾斜角，一般为（　　）。

A．12°　　B．18°　　C．20°　　D．24°

4．单作用式叶片泵的叶片数量一般为（　　）片。

A．11 或 13　　B．14 或 15　　C．13 或 15　　D．12 或 14

5．双作用式叶片泵的叶片安装位置有一个与旋转方向一致的倾斜角，一般为（　　）。

A．11°　　B．12°　　C．13°　　D．14°

6．双作用式叶片泵的流量脉动较其他形式的泵小得多，且在叶片数为（　　）的整数倍时最小。

A．2　　B．3　　C．4　　D．5

7．双作用式叶片泵的叶片数量一般为（　　）片。

A．8 或 16　　B．12 或 14　　C．4 或 6　　D．12 或 16

二、判断题（正确的，在括号内打√；错误的，在括号内打 ×）

1．单作用式叶片泵一般是变量泵。（　　）

2．双作用式叶片泵只能做成定量泵。（　　）

3．外反馈限压式变量叶片泵在压油腔叶片底部通低压油，在吸油腔叶片底部通高压油。（　　）

4．单作用式叶片泵可以用作高压泵。（　　）

5．单作用式叶片泵的转子轴的径向载荷是平衡的。（　　）

6．单作用式叶片泵叶片数量为奇数时，脉冲相对要小些。（　　）

7．在单作用式叶片泵中，为了有利于叶片在惯性力作用下向外伸出，叶片的安装位置有一个与旋转方向相同的倾斜角。（　　）

8．单作用式叶片泵不会发生困油现象。（　　）

9．单作用式叶片泵的端面间隙具有自动补偿能力。（　　）

10．双作用式叶片泵作用在转子上的油液压力相互平衡。（　　）

11．双作用式叶片泵叶片的安装位置一般有一个与旋转方向一致的倾角。（　　）

12．在某些高压双作用式叶片泵中，转子的叶片槽是径向的，没有倾斜。（　　）

13．双作用式叶片泵的端面间隙不具有自动补偿能力。（　　）

14．叶片泵对油液污染不敏感，工作可靠性较好。（　　）

15. 叶片泵的结构比齿轮泵的简单，零件制造精度要求不高。（　　）

16. 双作用式叶片泵的流量脉动很小。（　　）

三、填空题（将正确答案填写在横线上）

1. 叶片泵分为________式叶片泵和________式叶片泵。

2. 单作用式叶片泵每转吸、压油各____次，双作用式叶片泵每转吸、压油各____次。

3. 限压式变量叶片泵属于____作用式叶片泵，它有____反馈和____反馈两种形式。

4. 双作用式叶片泵有____个吸油腔和____个压油腔。

5. 双作用式叶片泵的叶片数应是______。

6. 双作用式叶片泵的定子内表面的曲线由____段圆弧和____段过渡曲线组成。

7. 叶片泵的自吸性能较齿轮泵____，对吸油条件要求______。

8. 叶片泵主要用于__________的液压传动系统。

四、问答题

1. 结合图 2–2 所示单作用式叶片泵的工作原理图，回答下列问题。

（1）指出各零件的名称。

1____________；2____________；

3____________；4____________；

5____________。

（2）分析单作用式叶片泵的吸油和压油过程。

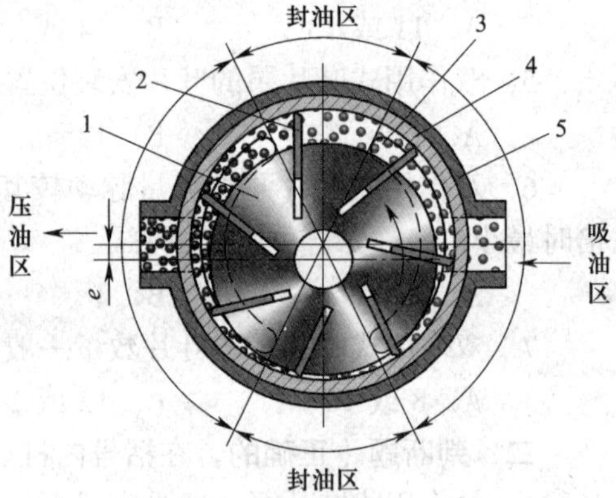

封油区
3
4
2
1
5
压油区
吸油区
e
封油区

图 2–2

2. 限压式变量叶片泵为何可减少能量消耗？

3．结合图 2–3 所示双作用式叶片泵的工作原理图，回答下列问题。

（1）指出各零件的名称。

1____________；2____________；

3____________；4____________；

5____________。

（2）分析双作用式叶片泵的吸油和压油过程。

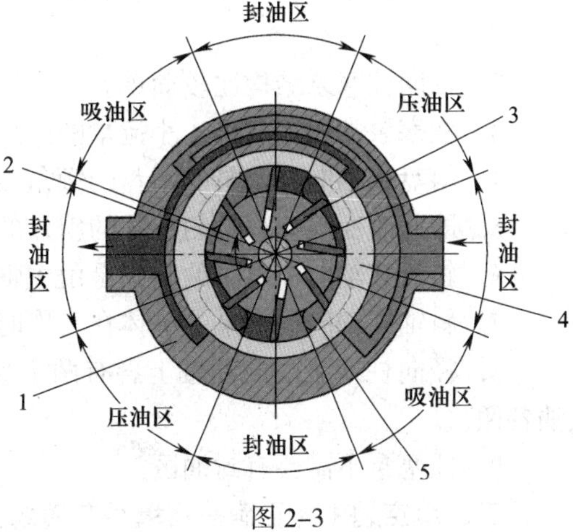

图 2–3

4．叶片泵有哪些优点？

§2–4 柱 塞 泵

一、选择题（将正确答案的序号填写在括号内）

1．（　　）是依靠柱塞在缸体内往复运动时，使密封工作腔容积发生变化来实现吸油、压油的。

A．齿轮泵　　B．叶片泵　　C．柱塞泵

2．改变柱塞的（　　）就能改变柱塞泵的排量，所以柱塞泵可以作为变量泵。

A．行程　　B．直径　　C．长度　　D．摆动角度

3．柱塞泵的流量范围（　　）。

A．与齿轮泵的差不多　　B．与叶片泵的差不多

C．大　　D．小

4．柱塞泵能达到的工作压力一般为（　　）MPa。

A．10 ~ 20　　B．20 ~ 30　　C．30 ~ 40　　D．20 ~ 40

5．对液压油要求不高的液压泵是（　　）。

A．齿轮泵　　B．叶片泵

C．轴向柱塞泵　　D．径向柱塞泵

6．流量脉冲较小的液压泵是（　　）。

A．外啮合齿轮泵　　B．双作用式叶片泵

C．轴向柱塞泵　　D．径向柱塞泵

二、判断题（正确的，在括号内打√；错误的，在括号内打 ×）

1．由于柱塞泵的柱塞和缸体内的孔均为圆柱表面，配合精度高，密封性能好，故能在高压下工作。（　　）

2．轴向柱塞泵结构比较简单。（　　）

3．柱塞泵常用在高压、小流量的液压传动系统中和流量需要调节的场合。（　　）

4．斜盘式轴向柱塞泵的斜盘的倾角 α 越大，则输出的流量也越大。（　　）

5．即使改变斜盘式轴向柱塞的斜盘的倾斜方向，泵的吸、压油口也不变。（　　）

6．斜盘式轴向柱塞泵的斜盘是由主轴带动旋转的。（　　）

7．斜轴式轴向柱塞泵的缸体在工作时不做旋转运动。（　　）

8．径向柱塞泵的配油轴上各有两个吸、压油口，因此缸体旋转一周，可以实现吸、压油各两次。（　　）

9．柱塞泵不需要有封油区。（　　）

三、填空题（将正确答案填写在横线上）

1．柱塞泵可分为______柱塞泵和______柱塞泵。

2．轴向柱塞泵具有压力____、功率____、易于改变______等优点。

3．轴向柱塞泵按结构特点分为______式（直轴式）和______式（斜缸式）两类。

4．轴向柱塞泵是____向____量泵。

5．______柱塞泵是指柱塞轴线垂直或大致垂直于泵体轴线的柱塞泵。

6．径向柱塞泵一般可分为________式和________式两种。

四、问答题

1．结合图 2–4 所示斜盘式轴向柱塞泵的工作原理图，回答下列问题。

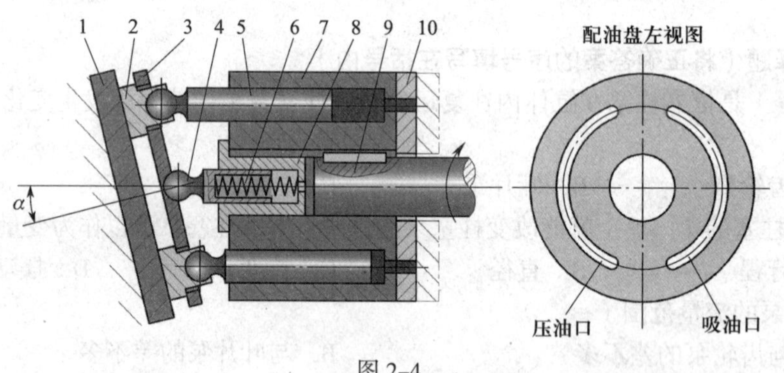

图 2–4

（1）指出各零件的名称。

1____________；2____________；3____________；4____________；

5____________；6____________；7____________；8____________；

9____________；10____________。

（2）分析斜盘式轴向柱塞泵的吸油和压油过程。

2. 结合图 2–5 所示径向柱塞泵的工作原理图，回答下列问题。

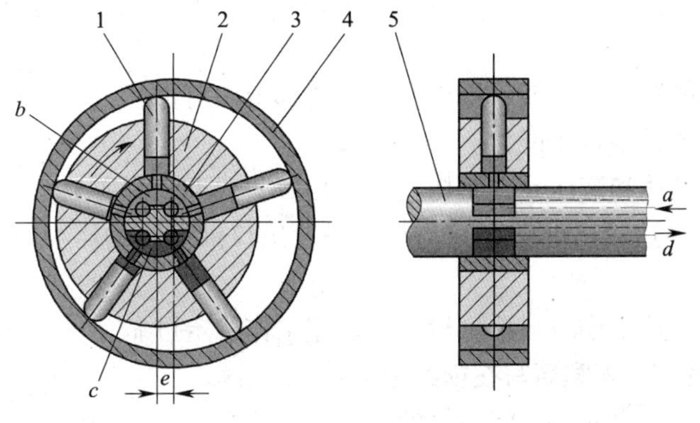

图 2–5

（1）指出各零件的名称。

1____________；2____________；3____________；4____________；

5____________。

（2）分析径向柱塞泵的吸油和压油过程。

3. 柱塞泵有哪些优点？

§2–5 液 压 马 达

一、选择题（将正确答案的序号填写在括号内）

1. 转速大于（　　）r/min 的马达属于高速马达。

A. 100　　B. 300　　C. 500　　D. 1 000

2.（　　）液压马达可用于低速传动系统。

A. 齿轮式　　B. 叶片式　　C. 轴向柱塞式　　D. 径向柱塞式

3. 双向变量液压马达的图形符号是（　　）。

A. 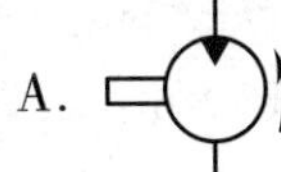　　B.　　C.　　D.

二、判断题（正确的，在括号内打√；错误的，在括号内打 ×）

1．因为液压泵与液压马达是能可逆工作的，所有任何一种液压泵都可以作为液压马达使用。（　　）

2．液压马达应能够正、反转，因而要求其内部结构对称。（　　）

3．液压马达需要具备自吸能力。（　　）

4．大多数液压马达和液压泵在结构上比较相似，但不能可逆工作。（　　）

5．叶片式液压马达输出的转矩只与马达进、出口液压油的压力差有关，与排量无关。（　　）

6．叶片式液压马达工作时泄漏量较小，低速工作稳定可靠。（　　）

三、填空题（将正确答案填写在横线上）

1．液压马达是______元件，将液体的_____能转换为______能，输出______和______。

2．液压马达按结构可分为_________液压马达、_________液压马达、_________液压马达等。

3．齿轮式液压马达的密封性______，容积效率____，输入的液压油压力不能______，输出的转矩______。

4．叶片式液压马达体积____，转动惯量____，动作______。

四、问答题

1．液压马达与液压泵相比有哪些不同？

2．结合图 2–6 分析外啮合齿轮液压马达的工作原理。

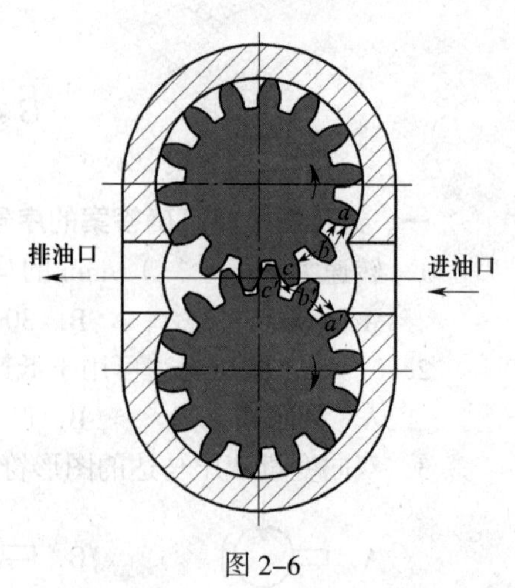

图 2–6

3．结合图 2–7 所示叶片式液压马达的工作原理图，回答下列问题。

（1）指出各零件的名称。

1____________；2____________；

3____________；4____________；

5____________；6____________；

7____________；8____________；

9____________；10____________；

11____________。

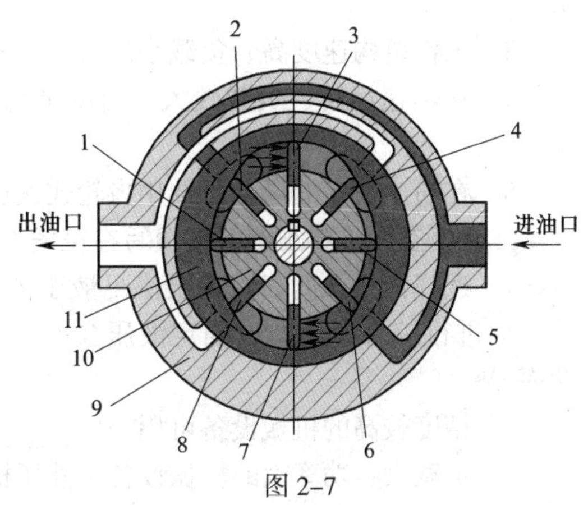

图 2–7

（2）分析叶片式液压马达的工作原理。

§2–6　液压泵、液压马达的选择

一、选择题（将正确答案的序号填写在括号内）

1．在负载小、功率小的机械设备中，可选用（　　）。

A．齿轮泵　　B．斜盘式轴向柱塞泵

C．斜轴式轴向柱塞泵　　D．径向柱塞泵

2．机械设备的辅助装置，如送料、夹紧等场合，可选用（　　）。

A．齿轮泵　　B．叶片泵　　C．轴向柱塞泵　　D．径向柱塞泵

3．噪声较小的液压泵是（　　）。

A．齿轮泵　　B．单作用式叶片泵

C．双作用式叶片泵　　D．轴向柱塞泵

4．自吸能力较好的是（　　）。

A．齿轮泵　　B．单作用式叶片泵

C．双作用式叶片泵　　D．轴向柱塞泵

5．当工作机构的速度平稳性要求高时，选用（　　）式液压马达。

A．齿轮　　B．单作用叶片　　C．双作用叶片　　D．轴向柱塞

二、判断题（正确的，在括号内打√；错误的，在括号内打 ×）

1．磨床液压系统中的液压泵可以采用齿轮泵。　　（　　）

2．在负载较大且有快速和慢速工作行程的机械设备（如组合机床）中，可使用柱塞泵。 ( )

3．工作机构速度高、负载小的场合，不能选用叶片式液压马达。 ( )

4．在高速运转、负载较大、速度平稳性要求较高的场合应选用轴向柱塞式液压马达。 ( )

5．在粉尘较多的场合可选用齿轮式液压马达。 ( )

三、填空题（将正确答案填写在横线上）

1．选择液压泵时，首先要满足液压传动系统的______要求，其次对泵的______、成本等方面进行综合考虑，以确定液压泵的____________、____________、结构类型和电动机功率。

2．精度较高的机械设备可用_________式叶片泵或______式单作用变量叶片泵。

3．负载大、功率大的机械设备（液压机、龙门刨床等），一般选用______泵。

4．若工作机构速度低、负载大，则有两种选择方案：一是用_______________液压马达，配合减速装置来驱动工作机构；二是选用_______________液压马达，直接驱动工作机构。

四、问答题

1．如何正确选择液压泵。

2．选择液压马达时应该考虑哪些因素？

3．液压泵与液压马达有哪些差异？

第三章 液 压 缸

§3-1 液压缸的类型及图形符号

一、选择题（将正确答案的序号填写在括号内）

1．机床类机械设备中的液压传动系统一般采用（　　）液压缸。

A．高压　　B．中高压　　C．中低压　　D．低压

2．图形符号 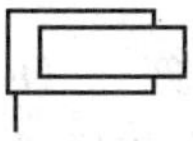 表示（　　）。

A．单作用柱塞缸　　B．单作用单杆缸　　C．单作用伸缩缸　　D．双作用单杆缸

3．图形符号 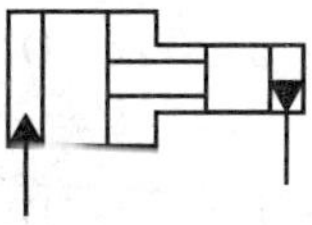 表示（　　）。

A．双作用伸缩缸　　B．增压液压缸

C．单作用压力介质转换器　　D．单作用增压转换器

4．可调单向缓冲双作用单杆缸的图形符号是（　　）。

A. 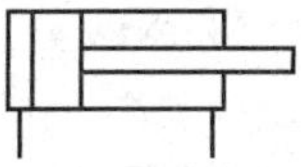　　B.

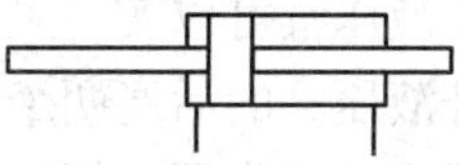

C. 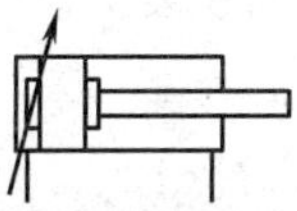　　D.

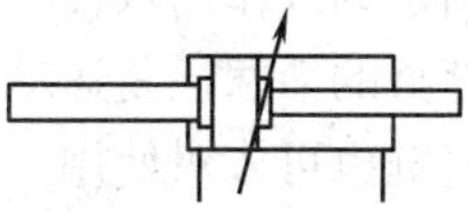

二、判断题（正确的，在括号内打√；错误的，在括号内打 ×）

1．单作用式液压缸只利用液压力推动活塞向着一个方向运动，而反向运动可以借助弹簧力实现。（　　）

2．双作用液压缸两边的活塞杆直径必须相同。（　　）

3．双作用伸缩缸属于组合液压缸。（　　）

4．单作用柱塞缸的返回行程依靠其内部的弹簧力实现。（　　）

5．双作用液压缸两边都有活塞杆。（　　）

三、填空题（将正确答案填写在横线上）

1．液压缸按结构形式的不同可分为________液压缸、________液压缸、________液压缸。

2．液压缸按液体压力的作用方式分为________式液压缸和________式液压缸。

3．双作用式液压缸正、反两个方向的运动都依靠________来实现。

4．液压缸按不同的使用压力可分为______压、______压和____压液压缸。

§3-2 典型液压缸

一、选择题（将正确答案的序号填写在括号内）

1.（　　）液压缸可以满足慢速工作进给和空载时快速退回的工作需要。

A．单作用柱塞　　B．双作用单杆

C．双作用双杆（活塞杆直径相同）　　D．增压液压缸

2．可实现差动连接的液压缸是（　　）。

A．单作用柱塞缸　　B．单作用单杆缸　　C．双作用单杆缸　　D．双作用双杆缸

3．可实现等速往复运动的液压缸是（　　）。

A．双作用单杆缸　　B．双作用伸缩缸　　C．双作用单杆缸　　D．双作用双杆缸

4．采用缸体固定的双作用双杆缸，其工作台的往复运动范围为活塞有效行程的（　　）倍。

A．1.5　　B．2　　C．3　　D．4

5．伸缩缸活塞的外伸动作是各级活塞杆（　　）。

A．由大到小进行　　B．由小到大进行　　C．同步进行　　D．不确定

二、判断题（正确的，在括号内打√；错误的，在括号内打 ×）

1．双作用单杆液压缸的两端进、出油口都可通压力油或回油。（　　）

2．双作用单杆液压缸活塞两端的有效作用面积相等。（　　）

3．双作用单杆液压缸可以实现工作台往复运动速度相等。（　　）

4．双作用单杆液压缸的活塞两个方向的作用力不相等。（　　）

5．采用缸体固定的双作用双杆缸比采用活塞杆固定的所占用的面积要大。（　　）

6．双作用双杆缸的活塞往复运动速度相等，但液压推力不相等。（　　）

7．单作用柱塞缸也可成对使用，以便得到双向运动。（　　）

8．单作用柱塞缸只能依靠液压力推动柱塞朝一个方向运动。（　　）

9．为了减轻质量，柱塞缸的柱塞往往做成空的。（　　）

10．双作用伸缩缸的活塞杆伸出时，各级活塞杆伸出的速度越来越快。（　　）

三、填空题（将正确答案填写在横线上）

1．双作用单杆液压缸有______固定和______固定两种安装方式。

2．双作用单杆液压缸可以满足______工作进给和空载时______退回的工作需要。

3．单作用柱塞缸的柱塞在缸筒内与缸壁________，两者无______要求。

4．柱塞式液压缸对制造工艺的要求______，行程较长的________液压缸多采用柱塞式结构。

5．伸缩缸由两个或多个活塞缸套装而成，前一级活塞缸的活塞杆上的______是后一级活塞缸的______。

6．伸缩缸分为________式和________式，前者靠______回程，后者靠______回程。

7．增压液压缸是利用活塞和柱塞____________的不同使液压传动系统中的局部区域获

得高压，增压液压缸有________和________两种类型。

四、问答题

1．双作用单杆液压缸有哪些工作特点？

2．结合图 3–1 所示单作用增压缸的工作原理图，回答下列问题。

（1）指出各零件的名称。

1____________；2____________；

3____________；4____________；

5____________。

（2）分析单作用增压缸的工作原理。

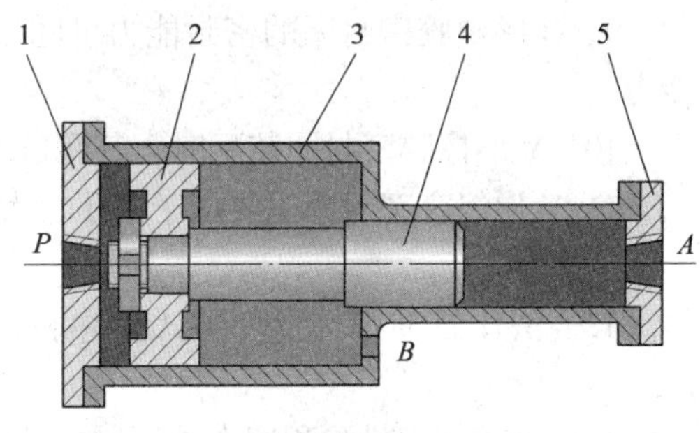

图 3–1

§3–3 液压缸的组成和典型结构

一、选择题（将正确答案的序号填写在括号内）

1．缸筒与缸盖的连接方式中，（　　）的外形尺寸和质量均较大。

A．法兰式　　B．外螺纹式　　C．内螺纹式　　D．焊接式

2．缸筒与缸盖的连接方式中，装拆方便的方式是（　　）。

A．外螺纹式　　B．内螺纹式　　C．拉杆式　　D．焊接式

3．柱塞式液压缸的缸筒与缸盖的连接方式一般采用（　　）。

A．法兰式　　B．外螺纹式　　C．拉杆式　　D．焊接式

4．缸筒端部结构复杂，需专用工具进行拆装的缸筒与缸盖的连接方式是（　　）。

A．法兰式　　B．半环式　　C．外螺纹式　　D．焊接式

5．活塞环密封装置中的活塞环一般由（　　）制成。

A．塑料　　B．弹性金属　　C．铸铁　　D．橡胶

6．承受压力大的密封圈是（　　）。

A．O 形橡胶密封圈　　B．Y 形橡胶密封圈

C．V 形组合密封圈

二、判断题（正确的，在括号内打√；错误的，在括号内打 ×）

1. 法兰式连接的缸筒与缸盖，结构简单，加工和拆装方便，连接可靠。（ ）

2. 缸筒与缸盖的半环式连接对缸筒有所削弱，需要加厚筒壁。（ ）

3. 内螺纹式连接的缸筒与缸盖，结构简单，拆装方便。（ ）

4. 装配式活塞一般常采用 45 钢。（ ）

5. 活塞杆与活塞的锥销连接方式承载能力小。（ ）

6. 螺纹连接的活塞与活塞杆多用于高压大负载和振动较大的场合。（ ）

7. 活塞环密封一般只在高压、高温、高速的条件下采用。（ ）

8. 密封圈密封是通过本身受压后的弹性变形来实现密封。（ ）

9. O 形橡胶密封圈的密封能力可随压力的升高而提高，并且磨损后有一定的自动补偿能力。（ ）

10. Y 形橡胶密封圈装配时，其唇口端应对着压力高的油腔。（ ）

11. V 形组合密封圈主要用于高压、大直径、低速的活塞（或柱塞）与其缸筒间的密封。（ ）

12. 液压缸的圆柱形环隙式缓冲装置是利用间隙节流产生的阻力达到缓冲的目的的。（ ）

13. 为了便于排除积留在液压缸内的空气，油液最好从液压缸的最低点进入。（ ）

14. 液压传动系统中的油液如果混有空气，将会严重影响工作部件的平稳性。（ ）

三、填空题（将正确答案填写在横线上）

1. 液压缸的油液向系统外部的泄漏称为______，液压元件内部高压腔与低压腔之间的泄漏称为______。

2. 为了防止液压缸的油液泄漏，在______与端盖、______与缸筒、________与活塞、________与前端盖的配合面处，均要设置密封装置。

3. 缸体组件包含______、______和________等零件。

4. 缸筒与______、______等零件构成密闭的容腔。

5. 缸筒与缸盖（缸底）的常见连接形式有________式、________式、__________式、________式、______式和______式等。

6. 活塞与活塞杆之间的连接方法有______连接、______连接、______连接等连接方法。

7. 密封分为____密封和____密封两大类。

8. 常用的密封方法有______密封、________密封和________密封等。

9. V 形组合密封圈由______、______________和________三部分组成。

四、问答题

1. 液压缸对密封装置的要求主要有哪些？

2．简述间隙密封的原理、特点及应用。

3．O 形橡胶密封圈密封有何优点？主要应用于哪些场合？

4．液压缸为何要设置缓冲装置？什么情况下液压缸不需要设置缓冲装置？

5．如何使用排气塞。

第四章　液压控制阀

§4-1　概　　述

一、选择题（将正确答案的序号填写在括号内）

1．溢流阀属于（　　）。

A．方向控制阀　　B．压力控制阀　　C．流量控制阀

2．用弹簧进行控制的液压阀属于（　　）。

A．手动控制阀　　B．机械控制阀　　C．液压控制阀　　D．电液控制阀

3．（　　）属于流量控制阀。

A．单向阀　　B．换向阀　　C．溢流阀　　D．调速阀

二、判断题（正确的，在括号内打√；错误的，在括号内打 ×）

1．顺序阀属于流量控制阀。（　　）

2．电液控制阀采用电动控制和液压控制组合的方式进行控制。（　　）

3．压力断电器属于方向控制阀。（　　）

三、填空题（将正确答案填写在横线上）

1．液压控制阀对系统中油液的__________、______和______大小进行预期控制。

2．液压控制阀一般都由______、______和驱动______运动的元件三部分组成。

3．液压控制阀按用途一般分为______控制阀、______控制阀和______控制阀。

4．液压控制阀按操纵方法一般分为______控制阀、______控制阀、______控制阀、______控制阀和______控制阀。

5．液压控制阀的连接方法主要有____式连接、____式及______式连接、______式连接等。

6．管式连接的液压控制阀有______式连接和______式连接两种形式。

四、问答题

液压传动系统对液压控制阀的要求有哪些？

§4-2 方向控制阀

一、选择题（将正确答案的序号填写在括号内）

1. 作背压阀用的单向阀的开启压力（　　）。

A. 非常小　　B. 较小　　C. 适中　　D. 较大

2. （　　）常用于防止立式液压缸停止运动时因活塞自重而下滑的回路中。

A. 单向阀　　B. 换向阀　　C. 溢流阀　　D. 顺序阀

3. 带卸荷阀芯的内泄式液控单向阀的最小控制油压力约为主油路的（　　）。

A. 3%　　B. 5%　　C. 8%　　D. 10%

4. 一般要求不带卸荷阀芯的液控单向阀的最小反向开启控制压力为工作压力的（　　）。

A. 10% ~ 20%　　B. 20% ~ 30%　　C. 30% ~ 40%　　D. 40% ~ 50%

5. 三位四通换向阀有（　　）个油道接口。

A. 2　　B. 3　　C. 4　　D. 5

6. 二位三通换向阀的图形符号是（　　）。

A. 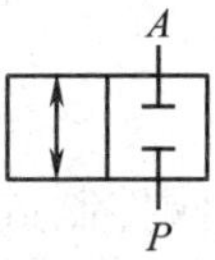 A P　　B. 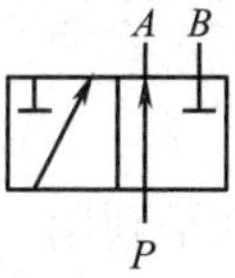 A B P　　C. 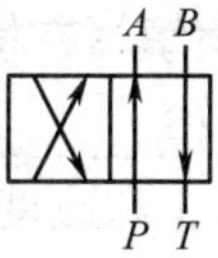 A B P T　　D. 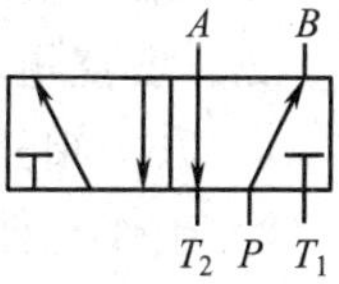 A B T_2 P T_1

7. 换向阀推压控制方式的图形符号是（　　）。

A. 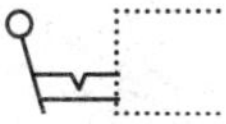　　B. 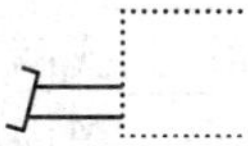　　C. 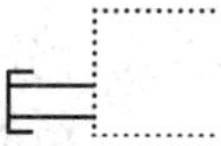　　D.

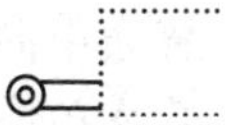

8. 图形符号 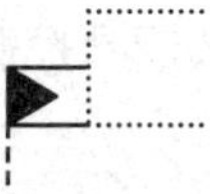　表示换向阀的（　　）控制。

A. 液压　　B. 内部压力的液压先导

C. 外部压力的液压先导　　D. 电液

9. 液控换向阀常用于流量（　　）的液压传动系统中。

A. 大　　B. 小　　C. 适中

10. 图形符号（A B P T）表示（　　）型中位的三位四通换向阀。

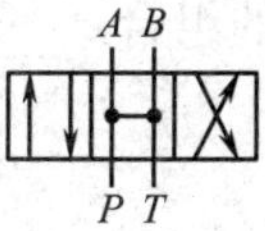

A. O　　B. H　　C. M　　D. X

11. K 型中位的三位四通换向阀的图形符号是（　　）。

A. 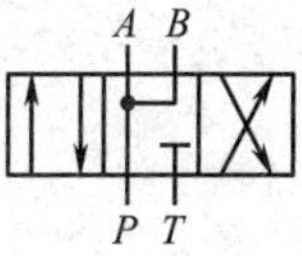 A B P T　　B. 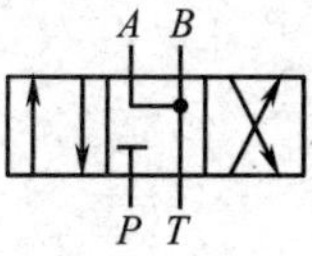 A B P T　　C. 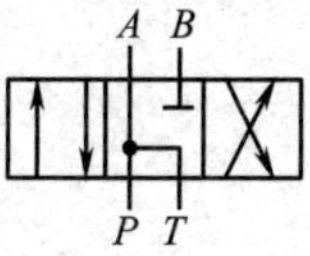 A B P T　　D. 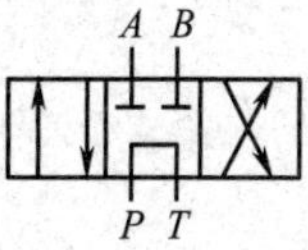 A B P T

二、判断题（正确的，在括号内打√；错误的，在括号内打 ×）

1．液控单向阀能实现普通单向阀的功能。（ ）

2．锥阀式单向阀的密封效果优于钢球式单向阀。（ ）

3．单向阀中的弹簧的刚度一般不能太小。（ ）

4．在双泵供油的系统中，高压小流量泵的出口处必设单向阀，以防止低压大流量泵输出的液压油流入高压泵内。（ ）

5．单向阀还可以在系统中分隔油路，以防止油路间的相互干扰。（ ）

6．为防止液压泵不工作时系统中的油液倒灌入液压泵，可在泵的出口处安装单向阀。（ ）

7．普通型外泄式液控单向阀在反向开启时，需要的控制压力较大。（ ）

8．转阀式换向阀的密封性能较好，一般用于高压、大流量的系统中。（ ）

9．手动换向阀的定位装置或弹簧腔的泄漏油需要单独接油箱。（ ）

10．常开式二位二通换向阀的常态位置两油口不连通。（ ）

11．行程阀一般利用安装在运动部件上的行程挡块压下顶杆或滚轮，使阀芯移动，来实现油路切换。（ ）

12．电磁换向阀的电磁铁吸力强，适用于大流量的换向阀。（ ）

13．液控换向阀常与其他控制方式的换向阀结合使用。（ ）

三、填空题（将正确答案填写在横线上）

1．方向阀分为______阀和______阀两类。

2．工作元件的启动、停止和改变运动方向都是利用____________阀控制进入工作元件内液压油的通断及改变流动方向来实现的。

3．单向阀分为______________与____________两种。

4．普通单向阀根据连接方式可分为____式和____式两种。

5．管式单向阀分为_________单向阀和_________单向阀。

6．液控单向阀有普通型和带____________型两种，每一种又按其控制活塞的泄油腔的连接方式不同分为______式和______式。

7．换向阀按结构可分为______式换向阀和______式换向阀，其中，______式换向阀应用最为普遍。

8．滑阀式换向阀变换油液的流向是利用阀芯相对阀体的______来实现的。

9．换向阀的图形符号由______符号和______符号组成。

10．电液换向阀是______________和______________的组合。______________是先导阀，______________是主阀。

四、名词解释

1．方向控制阀

2．换向阀

3．电磁换向阀

4．液控换向阀

五、问答题

1．液压传动系统对单向阀的性能有何要求？

2．普通单向阀有哪些用途？

3．结合图 4-1 分析普通型外泄式液控单向阀的工作原理。

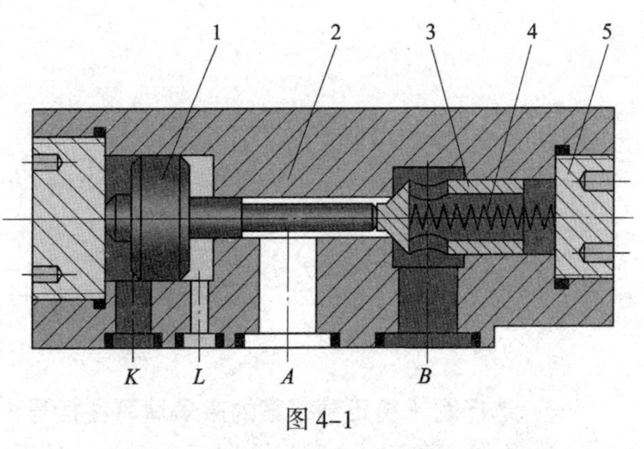

图 4-1

1—活塞　2—阀体　3—阀芯　4—弹簧　5—螺塞

4. 液压传动系统对换向阀的性能有何要求？

5. 结合图 4–2 分析三位四通电磁换向阀的工作原理。

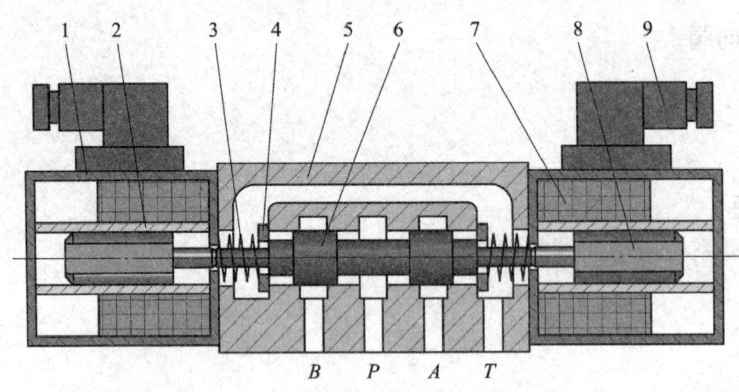

图 4–2

1—壳体　2—隔套　3—弹簧　4—弹簧座　5—阀体

6—阀芯　7—线圈　8—衔铁　9—插头组件

§4-3　压力控制阀

一、选择题（将正确答案的序号填写在括号内）

1. 直动式溢流阀一般只适用于（　　）的系统。

A. 低压、流量大　　B. 低压、流量不大

C. 高压、流量小　　D. 高压、流量大

2. 先导式溢流阀有一个远程控制口，可以（　　）。

A. 形成背压　B. 过载保护　C. 稳压　D. 远程调压

3. 直动式减压阀适用于（　　）系统。

A. 低压　B. 中低压　C. 中高压　D. 高压

4. 减压阀的泄油口接（　　）。

A. 出油口　B. 进油口　C. 油箱　D. 工作机构

二、判断题（正确的，在括号内打√；错误的，在括号内打 ×）

1. 直动式溢流阀的开启压力是出厂时设置好的，用户不能调节。（　　）

2. 若液压传动系统压力较高和流量较大时，则需采用先导式溢流阀。（　　）

3. 当先导式溢流阀的先导阀处于关闭状态（远程控制口也关闭）时，主阀一定处于开启状态。（　　）

4. 起稳压作用的溢流阀阀口在正常工作情况下是常开的。（　　）

5. 作安全阀使用的溢流阀阀口在系统正常工作情况下是常闭的。（　　）

6. 减压阀在液压传动系统中的主要作用是降低系统的油液压力。（　　）

7. 减压阀在常态时是开启的。（　　）

8. 单向先导式减压阀不必设置泄油口。（　　）

9. 直动式减压阀可以保证出口压力在不同工况（不同的进口压力或不同流量）时保持基本不变，属于定值减压阀。（　　）

10. 单向先导式减压阀是在先导式减压阀的基础上串联了一个单向阀。（　　）

11. 减压阀输出的二次压力比较稳定。（　　）

12. 顺序阀的初始状态是常闭的。（　　）

13. 顺序阀开启后，进、出油口压力基本相同。（　　）

三、填空题（将正确答案填写在横线上）

1. 根据功用的不同，减压阀可以分为______减压阀、______减压阀和______减压阀。

2. 压力控制阀是控制液压传动系统中的______，或利用系统中______的变化来控制其他液压元件动作的液压阀，简称压力阀。

3. 压力阀是利用作用于阀芯上的______力与______力相平衡的原理来进行工作的。

4. 按照用途不同，压力阀可分为______阀、______阀、______阀和压力继电器等。

5. 溢流阀在液压传动系统中主要有______________和____________作用。

6. 根据结构和工作原理的不同，溢流阀可分为________溢流阀和________溢流阀两种。

7. 先导式溢流阀由______和________两部分组成。先导阀是锥阀，用于控制______；主阀是滑阀，用于控制______。

四、问答题

1. 溢流阀主要有哪些作用？

2．结合图 4–3 分析直动式溢流阀的工作原理。

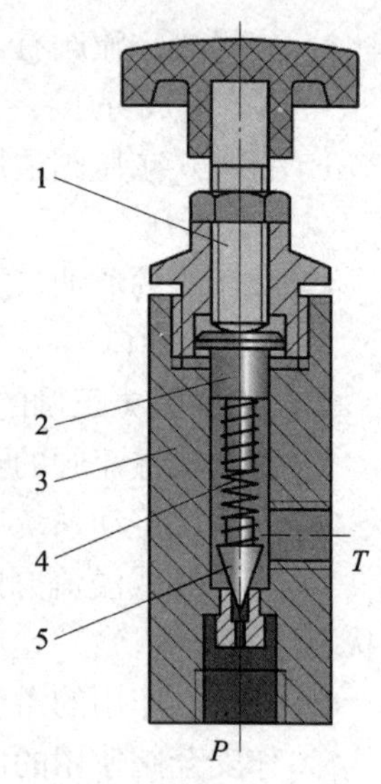

图 4–3

1—调压螺杆　2—滑柱　3—阀体

4—调压弹簧　5—阀芯

3．简述减压阀的减压原理。

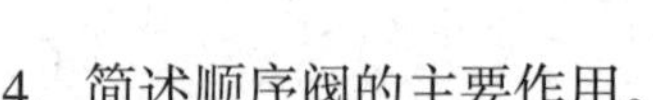

4．简述顺序阀的主要作用。

5．结合图 4–4 分析直动式顺序阀的工作原理。

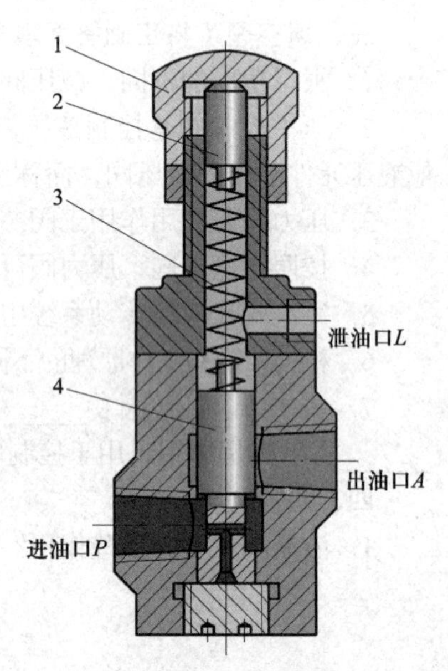

图 4–4

1—调压螺母　2—滑柱

3—调压弹簧　4—阀芯

6．什么是压力继电器？有何用途？

§4-4　流量控制阀

一、选择题（将正确答案的序号填写在括号内）

1．调速阀属于（　　）。

A．方向控制阀　　B．压力控制阀　　C．流量控制阀　　D．叠加阀

2．负载和温度的变化对节流阀流量的稳定性（　　）。

A．没有影响　　B．影响不大

C．影响可以不考虑　　D．影响很大

3．调速阀是由（　　）组合而成的。

A．溢流阀与减压阀　　B．节流阀与溢流阀

C．节流阀与顺序阀　　D．节流阀与减压阀

二、判断题（正确的，在括号内打√；错误的，在括号内打 ×）

1．节流阀的输出流量可以根据压力变化自动调节。（　　）

2．调速阀是由定差减压阀和节流阀串联而成的组合阀。（　　）

3．调速阀中的定差减压阀消除了负载变化对流量的影响。（　　）

4．调速阀的流量一般不受外负载影响。（　　）

三、填空题（将正确答案填写在横线上）

1．流量控制阀在液压传动系统中的作用是控制液体的______，从而调节执行元件的____________。

2．流量阀是通过改变节流口的________________来调节液体通过阀口的流量。

3．节流口的常用节流形式有锥形（针阀）式、______式、________式和___________式等。

4．在负载______、速度______或负载变化______时常采用节流阀调速。

5．定差减压阀是使进、出油口之间的_________相等或近似于不变的减压阀。

6．定差减压阀可以实现节流阀口两端______及输出______恒定。

7．在负载______、速度______或负载变化______时采用调速阀。

四、问答题

1．简述节流阀的工作原理。

2．结合图 4-5 分析节流阀是如何调节流量的。

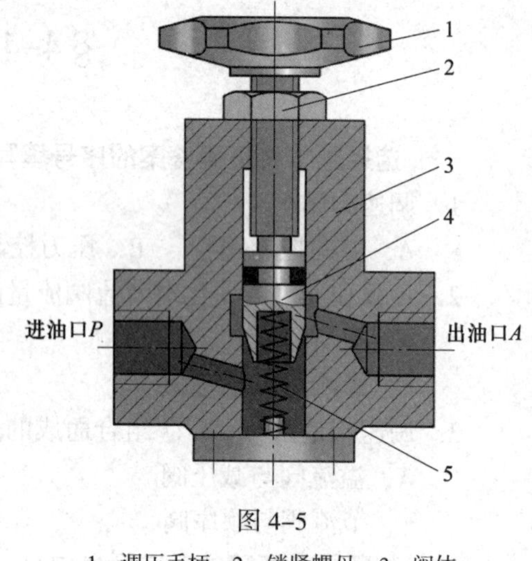

图 4-5

1—调压手柄　2—锁紧螺母　3—阀体

4—阀芯　5—弹簧

3．结合图 4-6 分析单向节流阀的工作原理。

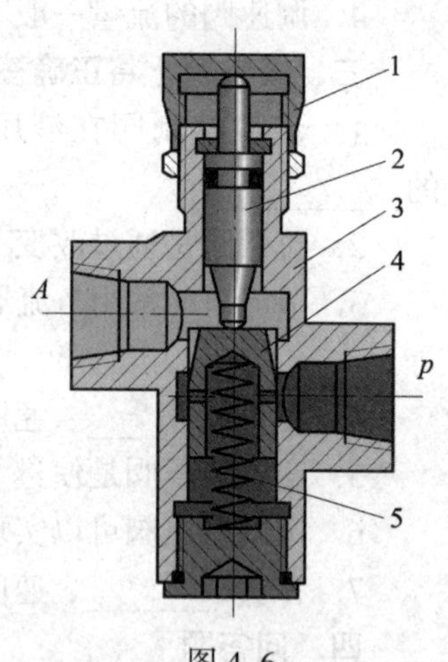

图 4-6

1—调压螺母　2—滑柱　3—阀体

4—阀芯　5—弹簧

§4-5　叠加阀与比例阀

一、选择题（将正确答案的序号填写在括号内）

1．叠加阀上有（　　）个公共油液通道。

A．2　　B．3 ~ 4　　C．3 ~ 5　　D．4 ~ 5

2．图形符号（　　）表示比例调速阀。

A． 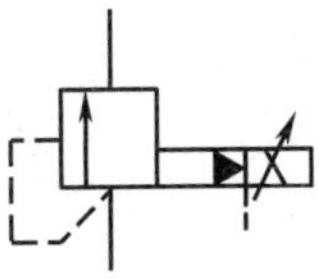　　B． 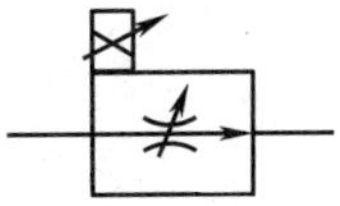　　C． 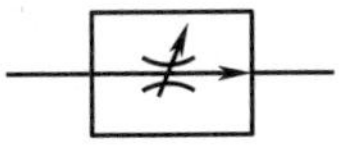　　D．

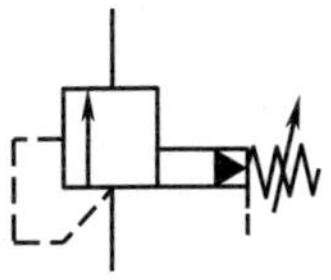

3．图形符号 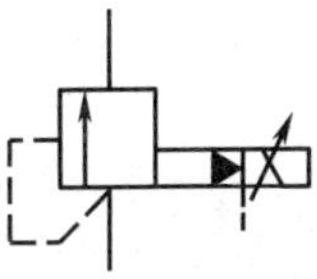　　表示（　　）。

A．直动式溢流阀　　B．先导式溢流阀　　C．电磁溢流阀　　D．比例溢流阀

4．改变比例调速阀的输入（　　）即可得到多级调速。

A．电压　　B．电流　　C．压力　　D．流量

5．比例换向阀能同时对液压传动系统液流（　　）进行控制。

A．方向和压力　　B．压力和流量

C．方向和流量　　D．压力、方向和流量

二、判断题（正确的，在括号内打√；错误的，在括号内打 ×）

1．叠加阀可以实现液压传动系统的无管式连接。（　　）

2．叠加阀通径较小。（　　）

3．叠加阀可组成的液压回路的形式较多。（　　）

4．叠加阀不能满足较复杂和大功率的液压传动系统的需要。（　　）

5．比例溢流阀开启压力的升降与输入信号电流的大小成比例。（　　）

6．直动式电液比例换向节流阀的阀芯定位精度不高。（　　）

三、填空题（将正确答案填写在横线上）

1．叠加阀的每个阀体均制成标准尺寸的________，并制有上、下两个__________。

2．叠加阀分为______阀、______阀和______阀三大类。

3．叠加阀具有广泛的______性和______性。

4．比例阀是一种把输入的电信号按比例地转换成力或位移，从而对液压传动系统中油液的______、______和______等进行连续控制的一种液压阀。

5．比例阀由直流____________与________两部分组成。比例电磁铁要求吸力（或位移）与__________成比例。

6．用____________代替调速阀的调节螺杆，控制其节流阀开口大小，则组成比例调速阀。

7．比例溢流阀所调节的系统压力可以连续按______或按一定______进行变化。

8．比例阀广泛应用于要求对液压参数______控制或______控制，但不需要______控制精度的液压传动系统中。

四、问答题

1．叠加阀有哪些优点？

2. 简述比例阀的工作原理。

3. 结合图 4–7 分析先导式比例溢流阀的工作原理。

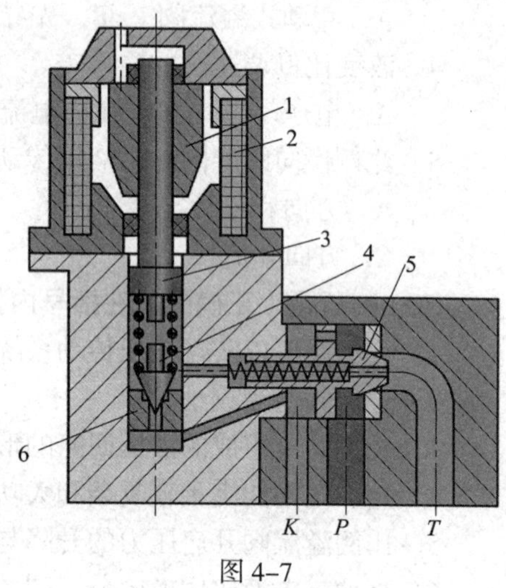

图 4–7

1—比例电磁铁　2—线圈　3—推杆

4—先导阀阀芯　5—先导阀阀座　6—主阀阀芯

4. 比例阀有哪些优点？

§4-6 插 装 阀

一、选择题（将正确答案的序号填写在括号内）

1. 普通锥阀阀芯插装单元常用作（　　）插装单元。

　A. 方向阀　　B. 溢流阀　　C. 减压阀　　D. 调速阀

2. 开阻尼孔的锥阀阀芯插装单元常用作（　　）插装单元。

　A. 方向阀　　B. 顺序阀　　C. 流量阀　　D. 比例阀

3．开阻尼孔的滑阀阀芯插装单元的图形符号是（　　）。

A.　K　B　A

B.　K　B　A

C.　K　B　A

4．在普通锥阀阀芯插装单元的控制板上连接一个二位三通液控换向阀可组成（　　）。

A．单向阀　　B．液控单向阀　　C．先导式溢流阀　　D．先导式顺序阀

5．开阻尼孔的滑阀阀芯插装单元和插装式节流阀组合可形成插装式（　　）。

A．顺序阀　　B．减压阀　　C．节流阀　　D．调速阀

6．对于（　　）液压传动系统，不宜采用插装式锥阀。

A．小流量　　B．高压　　C．大流量　　D．高压大流量

二、判断题（正确的，在括号内打√；错误的，在括号内打 ×）

1．插装式单向阀采用的是普通锥阀阀芯插装单元。（　　）

2．插装式溢流阀采用的是开阻尼孔的滑阀阀芯插装单元。（　　）

3．插装式节流阀是在普通锥阀阀芯插装单元的盖板上安装阀芯行程调节杆。（　　）

4．插装阀主要用于流量较大的系统或对密封性能要求不高的系统。（　　）

三、填空题（将正确答案填写在横线上）

1．插装阀由____________、____________和______三部分组成。

2．常用的插装单元的阀芯有______锥阀阀芯、____________的锥阀阀芯和开阻尼孔的______阀芯等。

3．____个普通锥阀阀芯插装单元和____个二位四通电磁阀可以组成一个二位三通电液换向阀。

4．在开阻尼孔的锥阀阀芯插装单元的控制盖板上连接直动式溢流阀和二位二通换向阀，则构成插装式_________。

5．将开阻尼孔滑阀芯的插装单元和溢流阀连接，则构成插装式_________。

6．对于小流量以及多液压缸无____________要求或动作要求______的液压传动系统，不宜采用插装式锥阀。

四、问答题

1．结合图 4–8 分析插装式二位四通电液换向阀的工作原理。

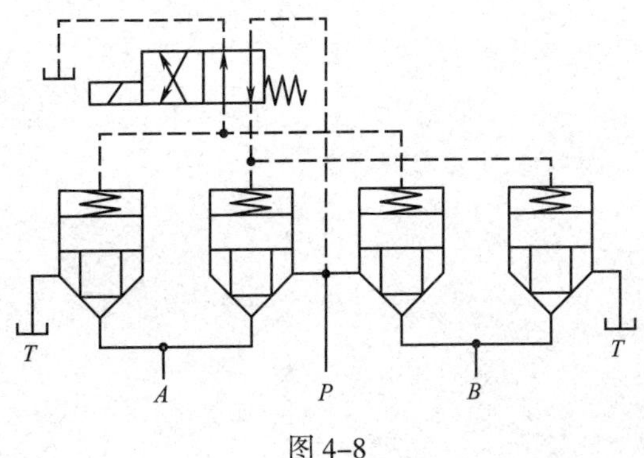

图 4–8

2．结合图 4–9 分析插装式减压阀如何保证出口的压力维持在调定值。

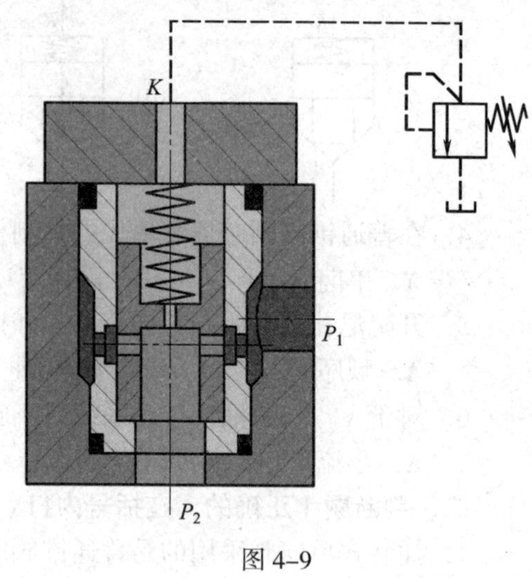

图 4–9

3．插装阀有何特点？

五、综合题

1．在图 4–10 中进行连线，组成插装式二位三通电液换向阀。

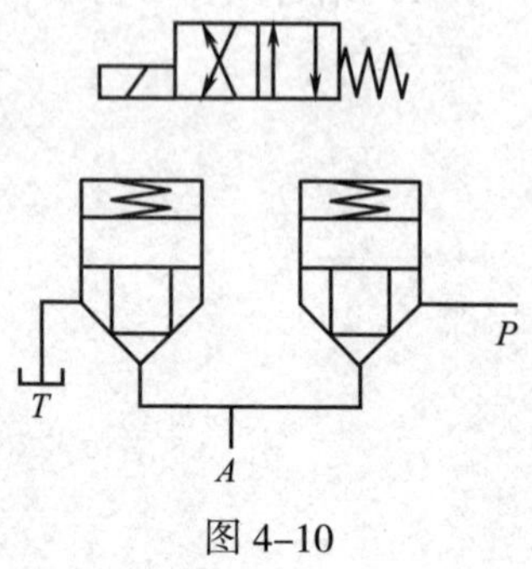

图 4–10

2. 在图 4–11 中进行连线，组成插装式二位四通电液换向阀。

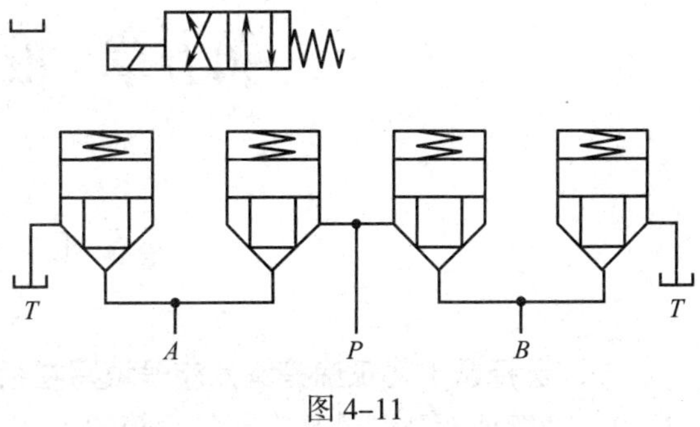

图 4–11

3. 在图 4–12 中进行连线，组成插装式调速阀。

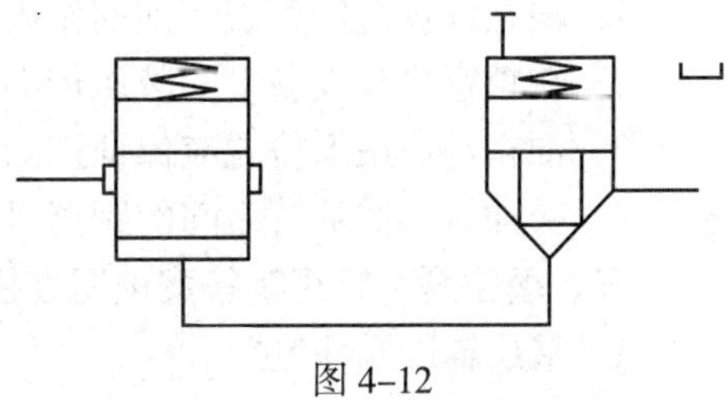

图 4–12

第五章　液压辅助元件

§5-1　油　　箱

一、选择题（将正确答案的序号填写在括号内）

1. 油箱油面高度最高不超过油箱的（　　）。

A. 60%　　B. 70%　　C. 80%　　D. 90%

2. 油箱的有效容积一般为泵流量的（　　）倍。

A. 2~4　　B. 2~5　　C. 3~5　　D. 3~6

3.（　　）式油箱能使泵的吸液能力大大改善。

A. 上置　　B. 下置　　C. 旁置

二、判断题（正确的，在括号内打√；错误的，在括号内打 ×）

1. 油箱仅仅起储存液压油的作用。（　　）

2. 在精密机械设备上的液压传动系统普遍采用分离式油箱。（　　）

3. 油箱油面最低位置应保证进油口过滤器不吸入空气。（　　）

4. 吸油管与回油管之间的距离尽量要远，并设置隔板。（　　）

三、填空题（将正确答案填写在横线上）

1. 液压辅助元件包括______、____________、油管和管接头、_________、_________等。

2. 液压传动系统中的油箱按工作原理分为____式和____式两种。

3. 油箱按结构特征分为______式和______式两种。

4. 行走机械和有冷却装置的设备，油箱的容量选____值；固定设备、没有冷却装置和靠油箱散热的设备，选____值。

5. 根据油箱与液压泵的相对安装位置，油箱可分为______式、______式和___式三种。

6. 吸油管距油箱底部的距离应大于管径的___倍；距箱边的距离应大于管径的___倍。

7. 吸油口处应装有精度为_____~_____mm、过滤能力为泵流量___倍的_________。

四、问答题

1. 油箱有哪些作用?

2. 液压传动系统对油箱中油液的温度有何要求？

§5-2　热 交 换 器

一、选择题（将正确答案的序号填写在括号内）

1. 如果油液温度（　　）℃，将严重影响液压传动系统的正常工作。

　A. 低于 60　　B. 高于 60　　C. 低于 80　　D. 高于 80

2. 直接置于油箱中的冷却器是（　　）。

　A. 蛇形管水冷却器　　B. 对流多管式水冷却器

　C. 翅片管式水冷却器

3. 散热效果最好的冷却器是（　　）。

　A. 蛇形管水冷却器　　B. 对流多管式水冷却器

　C. 翅片管式水冷却器

4. 当系统工作温度低于（　　）℃时，必须对液压油进行加热。

　A. 0　　B. 10　　C. 15　　D. 20

5. 液体冷却的冷却器的图形符号是（　　）。

　A. 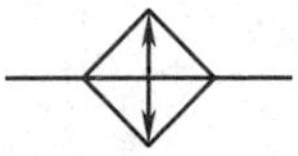　　B. 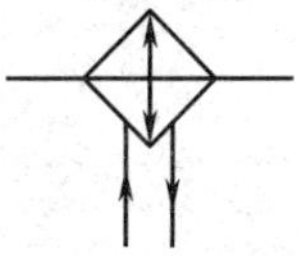　　C. 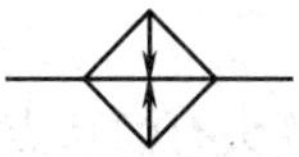　　D.

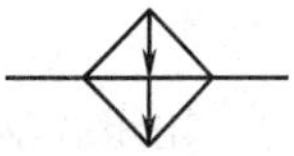

二、判断题（正确的，在括号内打√；错误的，在括号内打 ×）

1. 保证油箱有足够的容量和散热面积，是一种控制油温过高的有效措施。（　　）

2. 风冷式冷却器适用于移动式液压传动系统。（　　）

3. 由于油液是热的不良导体，单个加热器的功率容量要尽量大。（　　）

三、填空题（将正确答案填写在横线上）

1. 液压传动系统工作时的能量损失几乎全部转化为______。

2. 冷却器一般安装在______中或______路上。

§5-3　油管和管接头

一、选择题（将正确答案的序号填写在括号内）

1. 容易使油液氧化的油管是（　　）。

　A. 钢管　　B. 紫铜管　　C. 塑料管　　D. 尼龙管

2．只适用于压力低于 0.5 MPa 的回油管或泄油管的是（　　）。

A．紫铜管　　B．塑料管　　C．尼龙管　　D．橡胶管

3.（　　）密封可靠、抗震能力强，但装卸接头不方便。

A．锥端密封焊接式管接头　　B．卡套式管接头

C．扩口式管接头　　D．扣压式液压软管接头

二、判断题（正确的，在括号内打√；错误的，在括号内打 ×）

1．钢管耐油、耐高压、强度高、工作可靠，但装配时不便弯曲。（　　）

2．液压传动系统中，中压以上用焊接钢管，低压用无缝钢管。（　　）

3．液压传动系统中常用的油管有钢管、铜管等，不能用软管。（　　）

4．扩口式管接头不需要其他密封件。（　　）

三、填空题（将正确答案填写在横线上）

1．油管和管接头应有足够的______，良好的______性，无______，压力损失小，装拆方便。

2．液压传动系统中，固定元件之间常用______和______连接，有相对运动的元件之间一般采用______连接。

3．管路的连接螺纹采用____螺纹和____________螺纹。

四、问答题

1．锥端密封焊接式管接头有何特点？

2．扣压式液压软管接头有何特点？

§5-4 蓄 能 器

一、选择题（将正确答案的序号填写在括号内）

1．充气式蓄能器所充气体一般为（　　）。

A．氢气　　B．氧气　　C．二氧化碳　　D．惰性气体或氮气

2．气瓶式蓄能器适用于（　　）液压传动系统。

A．低压大流量　　B．高压小流量

C．中、低压大流量　　　　　　　　D．高压大流量

3．活塞式蓄能器的充气压力一般为液压传动系统最低工作压力的（　　）。

A．70%～80%　　B．75%～85%　　C．80%～90%　　D．85%～95%

4．气瓶式蓄能器的图形符号是（　　）。

A. 　　B. 　　C. 　　D.

二、判断题（正确的，在括号内打√；错误的，在括号内打 ×）

1．蓄能器在释放压力油时，液压泵不能工作。（　　）

2．液压传动系统中会出现液压冲击，产生振动。若在液压冲击源附近安装蓄能器，则可吸收这种冲击，使冲击压力的幅值大大减小。（　　）

3．弹簧加载式蓄能器一般在大流量或高压系统中起缓冲作用。（　　）

4．活塞式蓄能器在低压下动作不灵活。（　　）

三、填空题（将正确答案填写在横线上）

1．蓄能器用于储存_________，并在系统需要的时候输出_________，供给系统使用。

2．蓄能器主要有___________式和______式两大类。

3．充气式蓄能器有______式、______式和______式等。

四、问答题

1．蓄能器有哪些用途？

2．简述气瓶式蓄能器的特点。

§5-5　过　滤　器

一、选择题（将正确答案的序号填写在括号内）

1．过滤器的过滤精度是指滤芯能够滤除的最小杂质颗粒的大小，以（　　）作为测量标准。

A．半径　　B．直径　　C．体积　　D．质量

2．图形符号 [symbol] 表示（　　）。

A．蓄能器　　B．加热器　　C．过滤器　　D．液压马达

3．常与其他形式滤芯合起来制成复合式过滤器的是（　　）过滤器。

A．线隙式　　B．烧结式　　C．纸芯式　　D．磁性

4．过滤精度高，但易堵塞，无法清洗，需要经常更换滤芯的是（　　）过滤器。

A．网式　　B．线隙式　　C．烧结式　　D．纸芯式

5．结构简单，通油能力大，但过滤精度低的是（　　）过滤器。

A．网式　　B．线隙式　　C．烧结式　　D．纸芯式

二、判断题（正确的，在括号内打√；错误的，在括号内打 ×）

1．过滤器的纳垢容量越大，使用寿命就越短。（　　）

2．过滤器的过滤面积越大，其纳垢容量越大。（　　）

3．过滤器的压力损失与油液的黏度和混入油液中的杂质数量有关，与流量无关。（　　）

三、填空题（将正确答案填写在横线上）

1．过滤器的主要性能指标有________、________、________、压降特性、工作压力和温度等，其中________为主要指标。

2．过滤器按过滤精度可分为____过滤器、____过滤器、____过滤器和____过滤器。

3．流通能力是指在一定压力差下允许通过过滤器的________。

4．过滤器按滤芯材质和过滤方式，分为______过滤器、____过滤器和______过滤器等。

四、名词解释

1．过滤精度

2．通流能力

3．纳垢容量

4．压降特性

5．工作压力

五、问答题

1．过滤器有什么用途？

2．液压传动系统对过滤器有何要求？

3．烧结式过滤器有何特点？

4．过滤器一般安装在什么位置？

第六章　液压基本回路

§6-1　方向控制回路

一、选择题（将正确答案的序号填写在括号内）

1. 制动回路属于（　　）回路。

A．方向控制　　B．压力控制　　C．速度控制　　D．顺序动作控制

2. 使执行元件由运动状态平稳地转换成静止运动状态的回路称为（　　）。

A．换向回路　　B．锁紧回路　　C．制动回路　　D．保压回路

3. 在采用三位四通换向阀的锁紧回路中，换向阀的中位机能应是（　　）型。

A．O　　B．H　　C．K　　D．X

4. 不属于方向控制回路的是（　　）。

A．换向回路　　B．锁紧回路　　C．制动回路　　D．卸荷回路

二、判断题（正确的，在括号内打√；错误的，在括号内打 ×）

1. 采用 O 型中位机能的三位四通电磁换向阀的锁紧回路锁紧效果较差。（　　）

2. 采用液控单向阀的锁紧回路的锁紧效果比采用 O 型三位四通电磁换向阀的锁紧回路的锁紧效果要好。（　　）

3. 在制动回路中，用于制动的溢流阀的调定压力应比主油路中的溢流阀的调定压力低。（　　）

三、填空题（将正确答案填写在横线上）

1. 液压基本回路按功能可分为______控制回路、______控制回路、______控制回路和______控制回路四大类。

2. 方向控制回路主要有______回路、______回路和______回路等。

四、名词解释

1. 液压基本回路

2. 方向控制回路

3. 换向回路

4．锁紧回路

5．制动回路

五、问答题

1．结合图 6–1 分析采用液控单向阀的锁紧回路的工作原理。

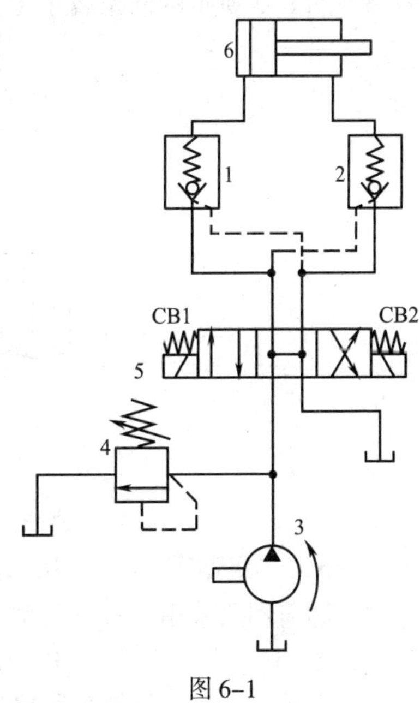

图 6–1

2．结合图 6–2 分析采用溢流阀的制动回路的工作原理。

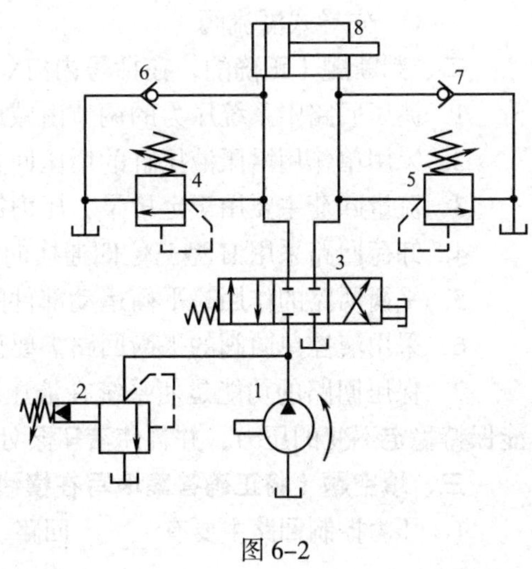

图 6–2

§6-2 压力控制回路

一、选择题（将正确答案的序号填写在括号内）

1. 当执行元件的正、反行程需要不同的供油压力时，可采用（　　）回路。

   A. 二级调压　　B. 双向调压　　C. 支路减压　　D. 增压

2. 支路减压回路的减压功能主要由（　　）实现。

   A. 单向阀　　B. 顺序阀　　C. 溢流阀　　D. 减压阀

3. 图 6–3 所示的回路属于（　　）回路。

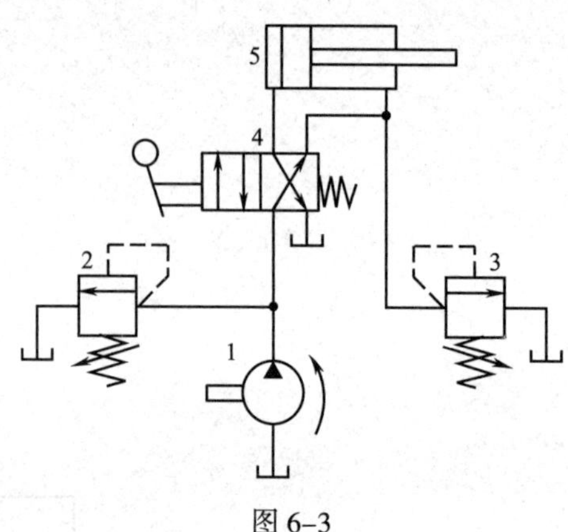

图 6–3

   A. 二级调压　　B. 增压　　C. 减压　　D. 双向调压

4. 卸荷回路采用（　　）型三位四通换向阀时，液压缸处于锁紧状态。

   A. H　　B. K　　C. M　　D. X

5. 采用（　　）的卸荷回路适用于大流量的液压传动系统。

   A. 三位四通换向阀　　B. 二位二通换向阀

   C. 先导式溢流阀　　D. 二通插装阀

二、判断题（正确的，在括号内打√；错误的，在括号内打 ×）

1. 调压回路中系统压力的调节由减压阀实现。（　　）
2. 采用单作用增压液压缸的增压回路可以实现连续增压。（　　）
3. 流量卸荷主要用于定量泵，压力卸荷主要用于变量泵。（　　）
4. 卸荷回路采用 H 型三位四通换向阀时，液压缸处于浮动状态。（　　）
5. 平衡回路的作用是平衡运动部件的自重。（　　）
6. 采用液控单向阀的平衡回路需要设置单向节流阀。（　　）
7. 保压回路的功能是使系统在液压缸加载不动或因工件变形而产生微小位移的工况下能保持稳定不变的压力，并且使液压泵处于卸荷状态。（　　）

三、填空题（将正确答案填写在横线上）

1. 压力控制回路主要有______回路、______回路、______回路、______回路和______回路等。

2．卸荷回路是指在不停机的情况下使液压泵在功率损耗____________的情况下运转的回路。

3．液压泵的卸荷方式有______卸荷和______卸荷两种。

4．凡具有___、___和___型中位机能的三位四通换向阀，处于中位时均能使液压泵卸荷。

5．保压性能的两个主要指标为____________和_______________。

6．常用的保压回路有_______________的保压回路、_______________的保压回路、______保压回路和____________保压回路等。

四、名词解释

1．压力控制回路

2．调压回路

3．增压回路

五、问答题

1．结合图 6–4 分析采用先导式溢流阀的二级调压回路的工作原理。

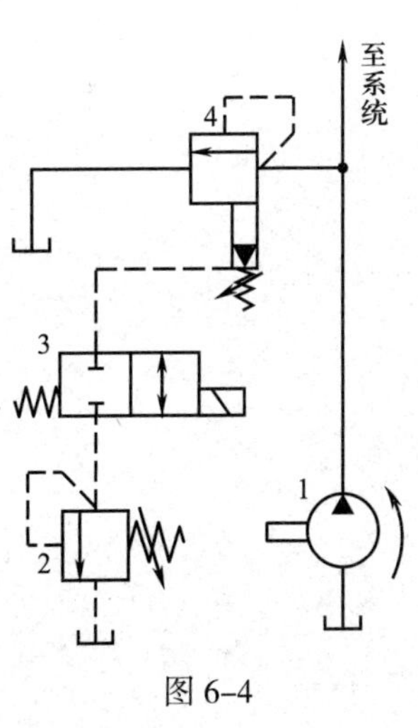

图 6–4

2．结合图 6–5 分析自动补油保压回路的工作原理。

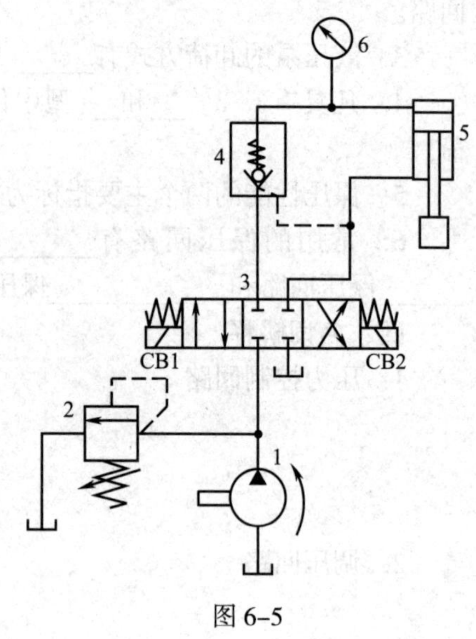

图 6–5

六、综合题

1．完成图 6–6 所示双作用增压缸增压回路图。

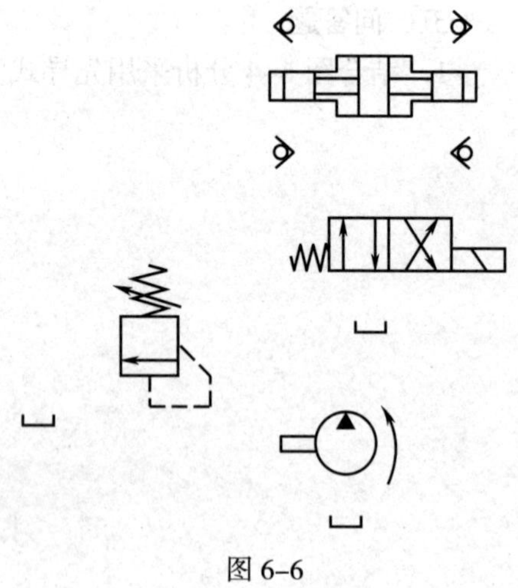
图 6–6

2. 完成图 6-7 所示采用二通插装阀的卸荷回路图。

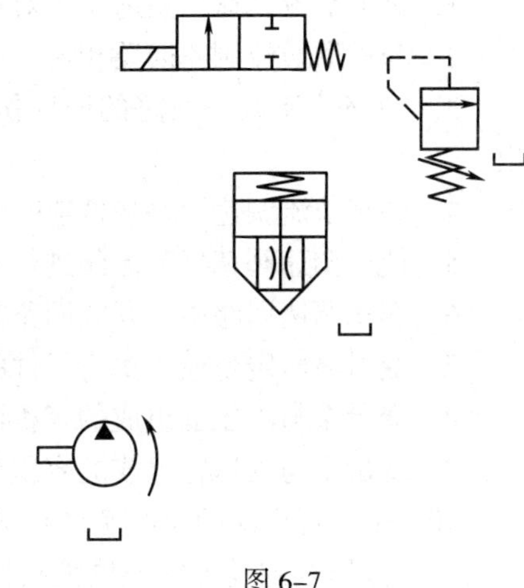

图 6-7

§6-3 速度控制回路

一、选择题（将正确答案的序号填写在括号内）

1. 能承受超越负载的调速回路是（　　）调速回路。

A. 进油节流　　B. 回油节流

C. 旁路节流

2.（　　）调速回路常用在负载变化小，对执行元件的运动平稳性要求不高，功率较大的场合。

A. 进油节流　　B. 回油节流

C. 旁路节流　　D. 采用调速阀的双向节流

3. 工程机械、矿山机械及大型机床的液压传动系统中的调速回路一般使用（　　）调速回路。

A. 回油节流　　B. 旁路节流

C. 采用调速阀的双向节流　　D. 容积

4. 当系统既要求效率较高，又要求有良好的低速稳定性时，则可采用（　　）调速回路。

A. 旁路节流　　B. 采用调速阀的双向节流

C. 容积　　D. 容积节流

5.（　　）调速回路多用于机床的进给系统中。

A. 变量泵与定量液压执行元件的容积　　B. 定量泵与变量马达的容积

C. 变量泵与变量马达的容积　　D. 定压式容积节流

6.（　　）快速回路适用于短时间内需要大流量的液压传动系统。

A．差动连接　　B．双泵供油的　　C．蓄能器供油的

二、判断题（正确的，在括号内打√；错误的，在括号内打 ×）

1．进油节流调速回路适用于对速度稳定性要求较高的大功率场合。（　　）

2．与进油节流调速回路相比，回油节流调速回路有利于热量耗散。（　　）

3．旁路节流调速回路的液压执行元件的运动平稳性较差，特别是外负载变化时更突出。（　　）

4．旁路节流调速回路在低速时承载能力小。（　　）

5．使用调速阀替代节流阀进行调速，可以提高执行元件的速度稳定性。（　　）

6．容积调速回路中，开式回路需设补油泵进行补油。（　　）

7．变量泵与定量液压执行元件的容积调速回路在一般机床上应用较少。（　　）

8．变量泵与液压缸组成的容积调速回路可以实现无级调速。（　　）

9．变量泵与液压缸组成的容积调速回路的调速范围不大。（　　）

10．采用行程阀的速度换接回路的换接较平稳，换接点的位置较准确。（　　）

11．液压缸差动连接速度换接回路可以在不增加液压泵流量的情况下提高液压缸的运动速度。（　　）

12．串联调速阀速度换接回路主要用于液压缸的高速进给。（　　）

13．并联调速阀速度换接回路在速度换接时不会出现液压冲击现象。（　　）

三、填空题（将正确答案填写在横线上）

1．速度控制回路一般是通过改变进入执行元件的______来实现的。

2．速度控制回路包括______回路、______回路和____________回路等。

3．根据流量控制阀在回路中的安装位置，节流调速回路可分为_________节流调速、_________节流调速、______节流调速和______节流调速四种。

4．根据油路的循环方式，容积调速回路分为_____回路和_____回路。

5．容积调速回路一般有三种形式：________与定量液压执行元件，_________与变量马达，变量泵与变量马达。

6．双泵供油的快速运动回路是利用_______________泵和_______________泵并联为系统供油。

7．常用的快速运动回路有____________快速回路、____________快速运动回路和_______________快速回路。

8．常用的速度换接回路有______________的速度换接回路、______________速度换接回路、______________速度换接回路、______________速度换接回路和____________速度换接回路等。

四、名词解释

1．速度控制回路

2. 调速回路

3. 节流调速回路

4. 容积调速回路

5. 容积节流调速回路

五、问答题

1. 旁路节流调速回路具有哪些特点?

2. 容积调速回路具有哪些特点?

3. 结合图 6–8 分析定压式容积节流调速回路的工作原理。

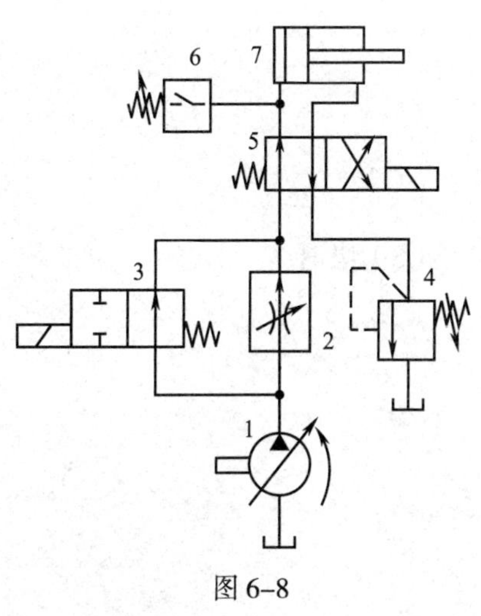

图 6–8

4．结合图 6–9 分析差动连接快速回路的工作原理。

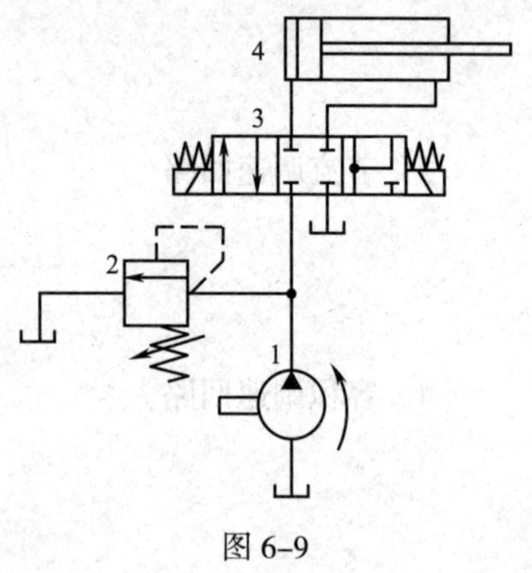

图 6–9

5．结合图 6–10 分析液压缸差动连接速度换接回路的工作原理。

（1）快进

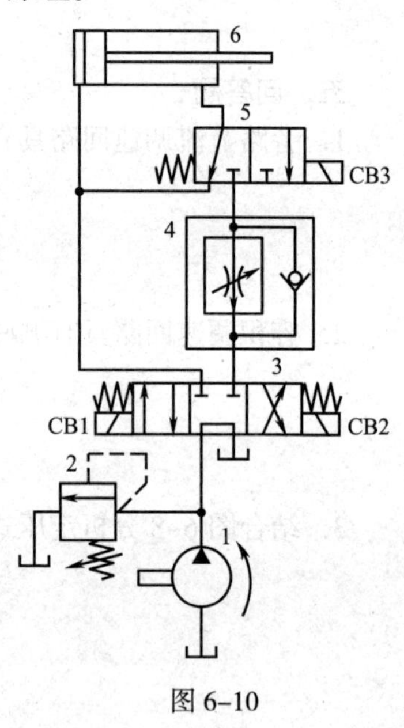

图 6–10

（2）工进

（3）快退

六、综合题

1．完成图 6–11 所示采用调速阀的双向节流调速回路图。

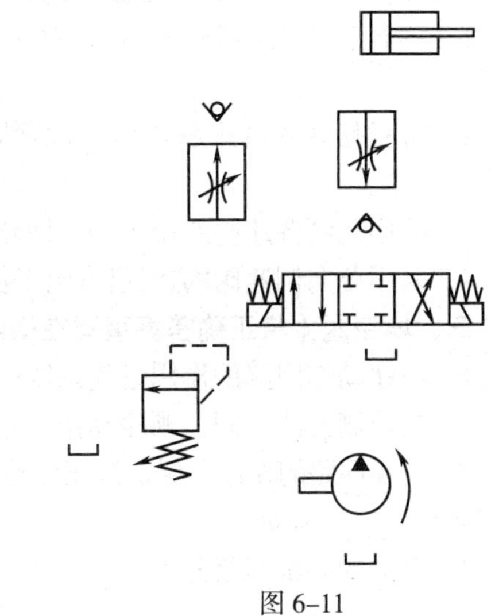

图 6–11

2．完成图 6–12 所示双泵供油的快速运动回路图。

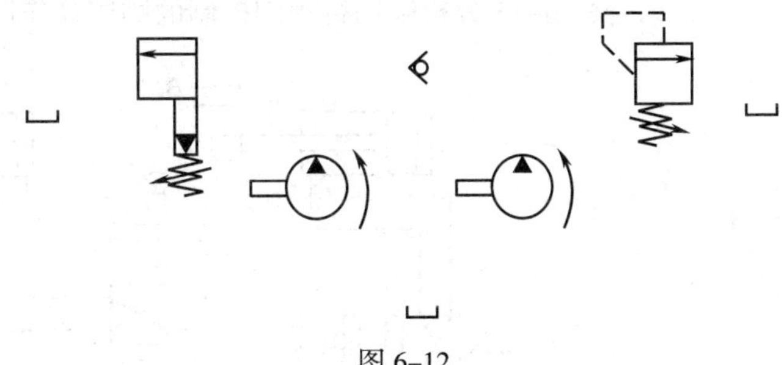

图 6–12

§6–4　多缸控制回路

一、选择题（将正确答案的序号填写在括号内）

1．采用行程阀控制的顺序动作回路常用在（　　）的场合。

A．对液压缸工作压力要求不高　　B．对液压缸工作压力要求较高

C．对位置精度要求不高　　D．对位置精度要求较高

2．采用压力继电器控制的顺序动作回路，压力继电器的调定压力应比前一动作液压缸所需最大工作压力（　　）MPa 以上。

A．高 0.1　　B．低 0.1　　C．高 0.5　　D．低 0.5

3．采用比例调速阀的同步回路能达到（　　）mm 的同步精度。

A．0.05　　B．0.1　　C．0.5　　D．5

二、判断题（正确的，在括号内打√；错误的，在括号内打 ×）

1．用行程开关控制的顺序动作回路只需改变电气线路就可改变顺序，故应用广泛。（　　）

2．带补偿装置的串联液压缸位置同步回路可用于同步精度要求较高的液压传动系统。（　　）

3．采用比例调速阀的位置同步回路适用于同步精度要求高的液压传动系统。（　　）

4．采用单向调速阀的速度同步回路的同步精度较高。（　　）

三、填空题（将正确答案填写在横线上）

1．顺序动作回路的作用是使系统中各缸按预定的______动作，互不______。

2．按控制方法不同，顺序动作回路可分为______控制和______控制两类。

3．同步回路的作用是保证液压传动系统中的两个或多个液压缸在运动中的______相同或以相同的______运动。

4．多缸的同步回路分为______同步回路、______同步回路和________________________回路。

四、问答题

1．结合图 6–13 分析采用行程阀控制的顺序动作回路的工作原理。

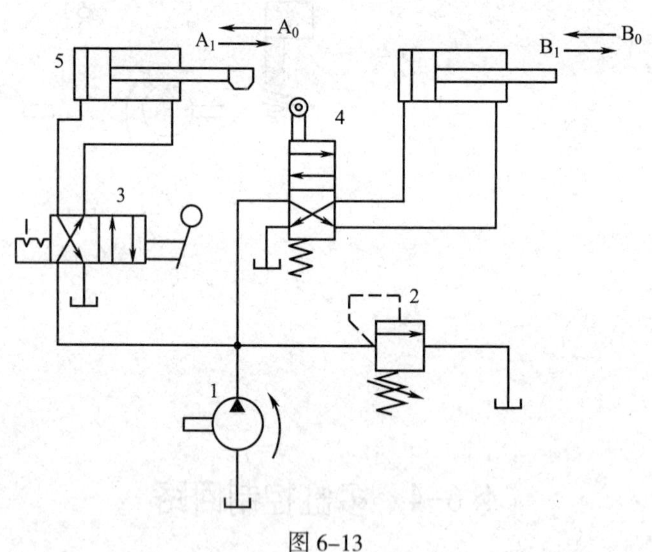

图 6–13

（1）液压缸 5 的活塞杆伸出（动作 A_1）

（2）液压缸 6 的活塞杆伸出（动作 B_1）

（3）液压缸 5 的活塞杆缩回（动作 A_0）

（4）液压缸 6 的活塞杆缩回（动作 B_0）

2．结合图 6–14 分析采用两个单向顺序阀的压力控制顺序动作回路的工作原理。

（1）液压缸 7 的活塞杆伸出（动作 A_1）

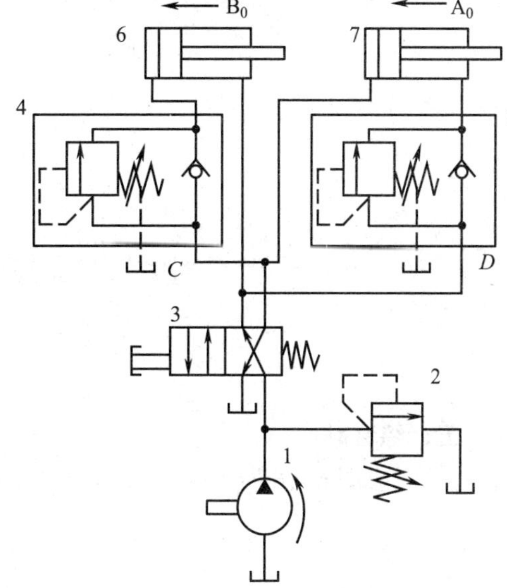

图 6–14

（2）液压缸 6 的活塞杆伸出（动作 B_1）

（3）液压缸 6 的活塞杆缩回（动作 B_0）

（4）液压缸 7 的活塞杆缩回（动作 A_0）

3．结合图 6–15 分析带补偿装置的串联液压缸位置同步回路的工作原理。

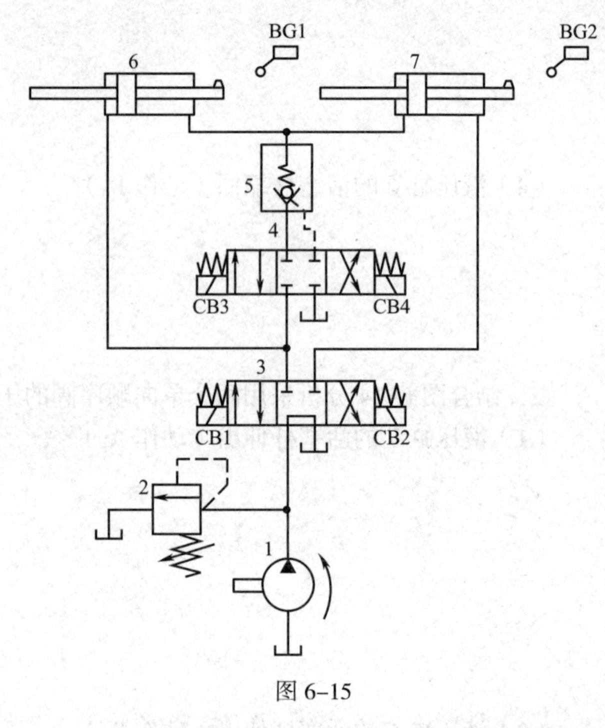

图 6–15

五、综合题

1．完成图 6–16 所示采用行程开关控制的顺序动作回路图。

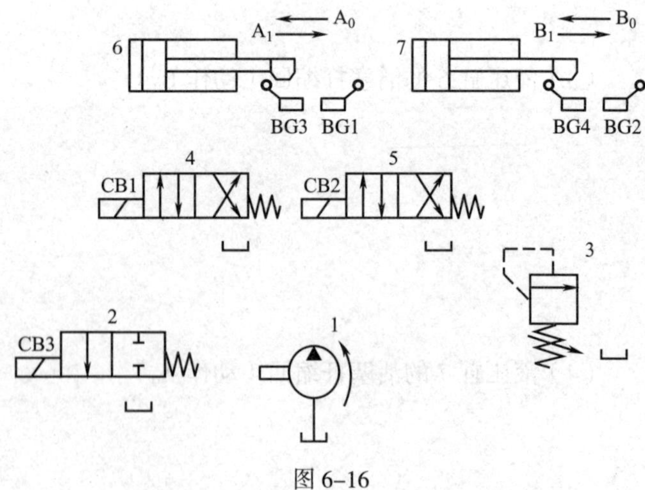

图 6–16

2．完成图 6–17 所示双泵供油的多缸快、慢速互不干扰回路图。

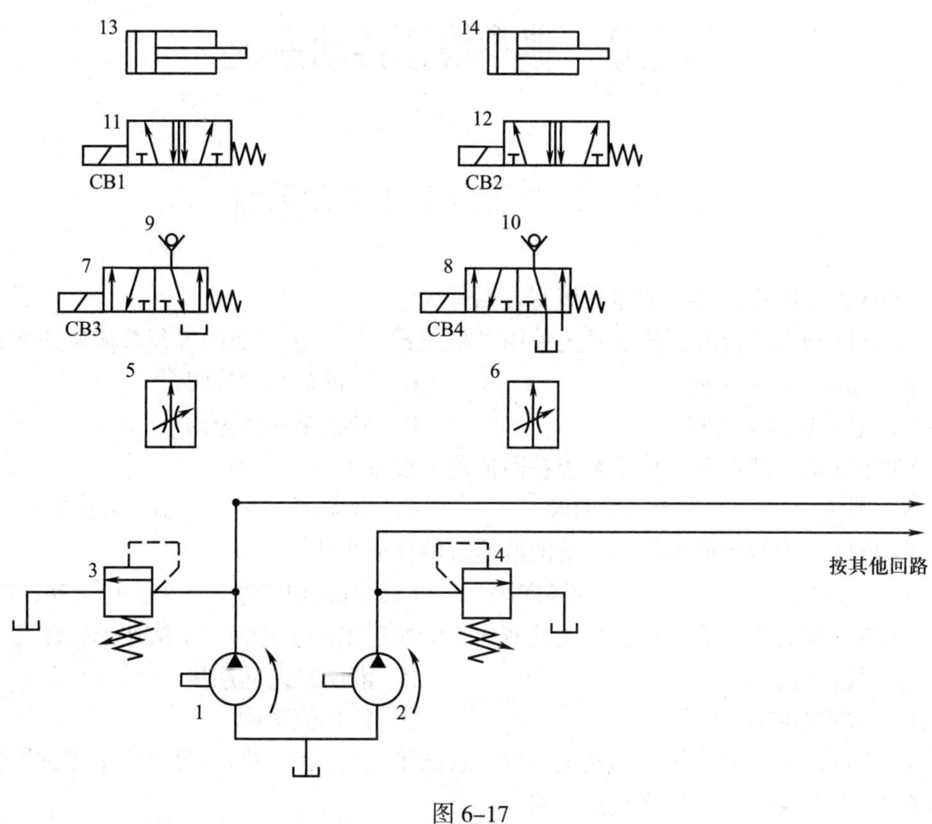

图 6–17

第七章　典型液压传动系统

§7-1　动力滑台液压传动系统

一、选择题（将正确答案的序号填写在括号内）

1. YT4543 动力滑台液压传动系统采用了限压式（　　）组成的容积节流调速回路。

A．变量泵和节流阀　　B．定量泵和节流阀

C．定量泵和调速阀　　D．变量泵和调速阀

2. YT4543 动力滑台液压传动系统在回油路上设置了（　　）。

A．节流阀　　B．单向阀　　C．背压阀　　D．减压阀

3. YT4543 动力滑台液压传动系统的液压缸的换向采用了（　　）。

A．电液换向阀　　B．液控换向阀　　C．电磁换向阀　　D．比例换向阀

4. YT4543 动力滑台液压传动系统的液压缸的快进采用了（　　）的快速回路。

A．双泵供油　　B．液压缸差动连接

C．蓄能器供油　　D．短接流量阀

5. YT4543 动力滑台液压传动系统的液压缸的第一次工作进给和第二次工作进给的速度换接回路采用的是（　　）速度换接回路。

A．液压缸差动连接　　B．短接流量阀

C．串联调速阀　　D．并联调速阀

二、判断题（正确的，在括号内打√；错误的，在括号内打 ×）

1. 组合机床是一种工序集中的高效通用金属切削机床。　（　　）

2. 液压动力滑台是组合机床上实现进给运动的一种通用部件。　（　　）

3. YT4543 型液压动力滑台液压传动系统采用定量泵供油。　（　　）

4. YT4543 型液压动力滑台液压传动系统采用了单作用单杆液压缸。　（　　）

三、填空题（将正确答案填写在横线上）

1. 组合机床由______部件和部分______部件组成。

2. 液压动力滑台配以不同的动力头、主轴箱和刀具，可完成各类孔的______、______、______加工和____________加工等工序。

3. YT4543 型液压动力滑台液压系统包含了______回路、____________回路、________回路、__________________回路和______回路。

四、问答题

1. 液压动力滑台对液压传动系统性能有何要求？

2．结合教材图 7–2 分析 YT4543 型动力滑台液压传动系统快进、第一次工作进给和快退的油路。

（1）快进

（2）第一次工作进给

（3）快退

3．教材图 7–2 所示的 YT4543 型动力滑台液压传动系统图有哪些工作状态？

4．教材图 7–2 所示的 YT4543 型动力滑台液压传动系统图在各个工作状态液压缸的回油分别流向何处？

§7–2 立式组合机床液压传动系统

一、选择题（将正确答案的序号填写在括号内）

1．教材图 7–3 所示的立式组合机床液压传动系统选用了（　　）。

A．双向变量泵　　B．单向定量泵　　C．限流式变量泵　D．限压式变量泵

2．教材图 7–3 所示的立式组合机床液压传动系统的工件定位与夹紧的顺序动作由（　　）实现。

A．压力继电器　　B．换向阀　　C．单向顺序阀　　D．液控顺序阀

3．教材图 7–3 所示的立式组合机床液压传动系统的动力头由快进到工进的速度转换是由二位二通电磁换向阀（　　）实现的。

A．断开液压缸差动连接　　B．接通液压缸差动连接

C．短接调速阀　　D．断开调速阀

4．教材图 7–3 所示的立式组合机床液压传动系统的动力头进给时，采用（　　）节流调速。

A．进油路　　B．回油路　　C．旁路　　D．容积

二、判断题（正确的，在括号内打√；错误的，在括号内打 ×）

1．教材图 7–3 所示的立式组合机床液压传动系统的动力头快进是由液压缸差动连接实现的。（　　）

2．教材图 7–3 所示的立式组合机床液压传动系统的动力头快退时，二位二通电磁换向阀 15 处于接通状态。（　　）

3．教材图 7–3 所示的立式组合机床液压传动系统的夹紧液压缸 10 输出的夹紧力大小由减压阀控制。（　　）

4．教材图 7–3 所示的立式组合机床液压传动系统在动力头工进时采用温度补偿调速阀形成背压，使工进速度平稳。（　　）

三、填空题（将正确答案填写在横线上）

1．教材图 7–3 所示的立式组合机床液压传动系统由动力头______、工件的______和______等子系统组成。

2．教材图 7–3 所示的立式组合机床液压传动系统可以实现动力头液压缸活塞的______、______、______和______等自动工作循环。

四、问答题

1．教材图 7–3 所示的立式组合机床的液压传动系统有哪些工作过程？

2．结合教材图 7–3 所示的立式组合机床的液压传动系统图，说明工件的定位是如何实现的，并分析系统的进油路和回油路。

3．结合教材图 7–3 所示的立式组合机床的液压传动系统图，说明工件的夹紧是如何实现的，并分析系统的进油路和回油路。

4．结合教材图 7–3 所示的立式组合机床的液压传动系统图，说明动力头的快进是如何实现的，并分析系统的进油路和回油路。

5．结合教材图 7–3 所示的立式组合机床的液压传动系统图，分析该系统中电磁铁的工作状态，并填写下表。

电磁铁动作顺序表

动作＼电磁铁	CB1	CB2	CB3	CB4	CB5	CB6
工件定位						
工件夹紧						
动力头快进						
动力头工进						
动力头快退						
松开、拔销						
停止、卸荷						

注：“+”表示电磁铁通电，“–”表示电磁铁断电。

§7-3 MJ-50 型数控车床液压传动系统

一、选择题（将正确答案的序号填写在括号内）

1. MJ-50 型数控车床液压传动系统卡盘夹紧压力的调节是由（　　）实现的。

A. 溢流阀　　B. 减压阀　　C. 顺序阀　　D. 调速阀

2. MJ-50 型数控车床液压传动系统卡盘的夹紧与松开的转换是由（　　）电磁换向阀实现的。

A. 二位二通　　B. 二位三通　　C. 二位四通　　D. 三位四通

3. MJ-50 型数控车床液压传动系统刀架的转位是由（　　）实现的。

A. 双作用单杆液压缸　　B. 双作用双杆液压缸

C. 单向液压马达　　D. 双向液压马达

4. MJ-50 型数控车床的液压传动系统中，刀架的转位速度由（　　）控制。

A. 节流阀　　B. 调速阀　　C. 单向调速阀　　D. 单向节流阀

二、判断题（正确的，在括号内打√；错误的，在括号内打 ×）

1. MJ-50 型数控车床的液压传动系统的卡盘夹紧回路有高、低压两种夹紧状态。（　　）

2. MJ-50 型数控车床的尾座伸出时，单向调速阀 20（参见教材图 7-4）的单向阀打开。（　　）

3. MJ-50 型数控车床液压传动系统尾座套筒伸出工作时的预紧力大小不能调节。（　　）

4. MJ-50 型数控车床尾座套筒在非工作时处于浮动状态。（　　）

三、填空题（将正确答案填写在横线上）

1. MJ-50 型数控车床的液压传动系统主要承担卡盘的______与______、刀架的______、尾座套筒的______与______的驱动与控制。

2. MJ-50 型数控车床液压传动系统用____________实现刀架转位，可实现无级调速，并能控制刀架____________。

3. MJ-50 型数控车床的液压传动系统中，压力表显示系统相应处的压力，以便____________大小和进行____________。

四、问答题

1. 结合教材图 7-4 说明 MJ-50 型数控车床液压传动系统是如何实现卡盘高压夹紧的，并分析系统的进油路和回油路。

2. 结合教材图 7-4 说明 MJ-50 型数控车床液压传动系统是如何实现卡盘松开的，并分析系统的进油路和回油路。

3. 结合教材图 7-4 分析尾座伸出时的油路。

4. 结合教材图 7-4 分析尾座缩回时的油路。

§7-4 YA32-200 型万能液压机液压传动系统

一、选择题（将正确答案的序号填写在括号内）

1. 在教材图 7-6 所示的 YA32-200 型万能液压机液压传动系统中，充液油箱 17 的作用是（　　）。

A. 仅用于补油　　B. 仅用于回油

C. 用于补油和回油　　D. 备用

2. 在教材图 7-6 所示的 YA32-200 型万能液压机液压传动系统中，顺序阀 14 的作用是（　　）。

A. 实现主缸和顶出缸的顺序动作　　B. 在主缸活塞快速下行时起背压作用

C. 在主缸活塞慢速下行时起背压作用　　D. 在主缸活塞保压延时时起背压作用

3. 在教材图 7-6 所示的 YA32-200 型万能液压机液压传动系统中，在保压时不起作用的是（　　）。

A. 液控单向阀 16　　B. 单向阀 11

C．三位四通电液换向阀 9　　　　　　D．顺序阀 14

二、判断题（正确的，在括号内打√；错误的，在括号内打 ×）

1．YA32–200 型万能液压机液压传动系统的高压、大流量变量泵用于给主油路供油。（　　）

2．YA32–200 型万能液压机液压传动系统的低压、小流量定量泵用于给系统补油。（　　）

3．在教材图 7–6 所示的 YA32–200 型万能液压机液压传动系统中，液控单向阀 16 在主缸慢速加压时是关闭的。（　　）

4．在教材图 7–6 所示的 YA32–200 型万能液压机液压传动系统中，液控卸荷阀 13 的作用是在主缸泄压时预防液压冲击。（　　）

三、填空题（将正确答案填写在横线上）

1．YA32–200 型万能液压机液压传动系统由____压、____流量、恒功率的变量泵和____压、____流量的定量泵组成液压源。

2．YA32–200 型万能液压机液压传动系统的顶出缸只有在主缸____________状态时才能动作。

3．YA32–200 型万能液压机液压传动系统的控制油液采用专门的______泵供油，而不是直接用系统的______油作为油源。

4．在 YA32–200 型万能液压机液压传动系统中，将液压机滑块的质量作为快速下行时的____________，同时用____________对主缸上腔充油，做到了在不增加主泵______的情况下增加滑块的下行速度。

5．YA32–200 型万能液压机液压传动系统主缸的工作循环有____________、________、______、______、______、____________、____________。

6．YA32–200 型万能液压机液压传动系统顶出缸的工作循环有______、______、______、____________。

四、问答题

1．结合教材图 7–6 分析 YA32–200 型万能液压机液压传动系统主缸活塞快速下行时的液压缸进油路和回油路。

2．结合教材图 7–6 说明 YA32–200 型万能液压机液压传动系统主缸活塞慢速下行是如何实现的？

3．结合教材图 7–6 说明 YA32–200 型万能液压机液压传动系统顶出缸顶出动作的主油路。

§7–5 汽车起重机液压传动系统

一、选择题（将正确答案的序号填写在括号内）

1．Q2–8 型汽车起重机液压传动系统的三位四通手动换向阀均为（　　）中位机能。

A．O 型　　B．H 型　　C．M 型　　D．X 型

2．Q2–8 型汽车起重机共设了（　　）条支腿。

A．2　　B．4　　C．6　　D．8

3．因 Q2–8 型汽车起重机作业工况的随机性较大，且动作频繁，所以采用（　　）的多路换向阀来控制各动作。

A．手动控制弹簧复位　　B．电磁控制弹簧复位

C．液压控制弹簧复位　　D．液压先导控制弹簧复位

二、判断题（正确的，在括号内打√；错误的，在括号内打 ×）

1．Q2–8 型汽车起重机液压传动系统中的双向液压锁可防止在起重作业过程中发生“软腿”现象，但无法防止行车中支腿自行滑落。（　　）

2．Q2–8 型汽车起重机液压传动系统在吊臂伸缩、吊臂变幅、重物提升和下降的油液系统中都设置了平衡阀。（　　）

3．Q2–8 型汽车起重机液压传动系统中，当一个换向阀处于中位时，各执行元件的进油路均被切断，液压泵出口处通油箱使泵卸荷。（　　）

三、填空题（将正确答案填写在横线上）

1. Q2–8 型汽车起重机液压传动系统包括____________、____________、____________、____________和____________五个部分。

2．Q2–8 型汽车起重机每条支腿液压缸都配有一个双向_________（由两个液控_________组成）。

3．Q2–8 型汽车起重机转台回转机构由_________液压马达驱动，有______、______和______三种不同工况。

四、问答题

1．结合教材图 7–8 所示，分析 Q2–8 型汽车起重机后支腿收回的液压油路。

2．结合教材图 7–8 所示，分析 Q2–8 型汽车起重机前支腿放下的液压油路。

3．结合教材图 7–8 所示，分析 Q2–8 型汽车起重机吊臂减幅的液压油路。

4．在 Q2–8 型汽车起重机中，起升机构的速度是如何调节的？

5．在 Q2–8 型汽车起重机中，起升机构的液压回路是如何防止重物下落的？

第八章　液压传动系统的安装、维护和故障排除

§8-1　液压传动系统的安装与调试

一、选择题（将正确答案的序号填写在括号内）

1.（　　）在拆洗后需要测试压力损失。

A．压力阀　　B．换向阀　　C．流量阀　　D．冷却器

2．液压泵与原动机的连接要用（　　）。

A．凸缘联轴器　　B．套筒联轴器　　C．滑块联轴器　　D．弹性联轴器

3．安装轴线水平的液压缸时，应尽量使其（　　）。

A．进、出油口的位置在最上面　　B．进、出油口的位置在最下面

C．进油口在最上面，出油口在最下面　　D．进油口在最下面，出油口在最上面

4．为了适应热胀冷缩，液压传动系统中固定点之间的管路上（　　）。

A．不得有弯管　　B．至少有一段弯管

C．至少有两段弯管　　D．必须用软管

5．液压泵吸油过滤器通过流量应不小于泵额定流量的（　　）倍。

A．1.5　　B．2　　C．3　　D．4

二、判断题（正确的，在括号内打√；错误的，在括号内打 ×）

1．液压泵和液压马达在拆洗后应测试压力损失。（　　）

2．液压传动系统装配前，对一些自制的重要元件应进行耐压实验，试验压力取工作压力的 3 倍。（　　）

3．油箱盖、管口要密封，保证空气不进入液压传动系统。（　　）

4．要避免液压缸的安装螺栓直接承载。（　　）

5．液压缸的轴线位置与运动方向应一致。（　　）

6．径向柱塞马达泄油管的最高水平位置应低于马达的最高水平位置。（　　）

7．液压泵的吸油管道通径应不小于泵入口通径。（　　）

8．板式阀类元件各油口的密封圈要凸出安装平面一定的高度。（　　）

9．板式方向阀安装时一般应保持轴线水平。（　　）

10．电磁换向阀宜水平安装。（　　）

11．液压传动系统中，与其他管道相比，液压泵的吸油管应细一些。（　　）

12．液压传动系统中，回油管应尽量远离吸油管。（　　）

三、填空题（将正确答案填写在横线上）

1．在安装液压传动系统前，安装人员必须按照______________和__________，逐一核对液压元件的数量、______和______。

2．如果元件的生产日期过早，其内部的________可能老化，则需要更换。

3. 在安装液压传动系统前，准备的主要内容有__________、__________和__________等。

4. 液压马达的安装支架必须有足够的______，以防转动时发生______。

5. 使用液压马达的液压回路必须设有______装置，进油管路必须安装________和________。

6. 压力表应安装在________、________处。蓄能器应安装在__________的地方。过滤器尽可能安装在__________、__________的位置。

7. 液压传动系统调试的项目主要有__________、____________和__________等。

8. 在进行空载试车时，有补油泵的闭式液压传动系统应先启动______泵后再启动________泵。

9. 在进行空载试车时，启动液压泵前应先给泵____________。

10. 在进行空载试车时，要给液压缸______。

四、问答题

1. 液压传动系统在安装前对液压元件的检测内容有哪些？

2. 液压传动系统安装前应如何清洗管道？

3. 在安装液压缸时应注意哪些问题？

4．在安装液压泵时应注意哪些问题？

5．液压传动系统调试前应做哪些准备？

6．简述试车时调试控制阀的方法。

7．如何进行液压传动系统的负载试车？

§8-2　液压设备的使用、维护和保养

一、选择题（将正确答案的序号填写在括号内）

1．对于新投入使用的液压设备，使用（　　）个月左右应清洗油箱，更换新油。

A．1　　B．2　　C．3　　D．4

2．液压传动系统一般应空载运转（　　）min 以上才能加载运转。

A．10　　B．20　　C．30　　D．40

二、判断题（正确的，在括号内打√；错误的，在括号内打 ×）

1．液压设备的日常检查必须由专业维修人员完成。　　（　　）

2．液压传动系统中混入的空气不属于污染物。　　（　　）

3．水进入液压传动系统的油液中，会引起阀芯移动不畅和堵塞过滤器。　　（　　）

三、填空题（将正确答案填写在横线上）

1．操作者使用液压传动系统时，应熟知各调节手柄的______、______及______。

2．若液压设备长期不用，则应将各调节旋钮全部______，以防止弹簧产生____________而影响元件的性能。

3．液压设备的检查分为______检查、______检查和______检查三项。

4．液压设备日常检查的目的是及时发现______和__________________的异常情况，保证系统和主机正常运转。

5．保养一般分为______保养和______保养。

6．液压传动系统的污染物一般有____________、____________、_______________等。

四、问答题

1．使用液压设备时，操作者在工作前应做哪些工作？

2．什么是液压传动系统的定期检查？

3．什么是液压传动系统的专项检查？目的是什么？

4．液压传动系统的日常保养有哪些？

5．液压传动系统可能混入的固体颗粒有哪些？它们对系统有何危害？

§8-3 液压传动系统常见故障的分析方法

一、选择题（将正确答案的序号填写在括号内）

1．正常工作阶段故障一般多为（　　）而引起。

A．安装不正确　　B．系统密封不严　　C．换向阀损坏　　D．调整不当

2．液压传动系统常见故障分析方法中的“切”是指：设备启动后，（　　）。

A．观察执行元件的运动有无异常

B．用手触摸机器的各主要部位，判断系统各处的温度是否正常

C．闻油液是否有异味

D．听设备是否有冲击声

二、判断题（正确的，在括号内打√；错误的，在括号内打×）

1．液压传动系统初期工作故障阶段的故障率较高。（　　）

2．液压设备发生故障后，故障的部位和原因不易查找。（　　）

3．液压传动系统常见故障分析方法中的“问”指的是：打开油箱盖，闻油液是否有异味。（　　）

三、填空题（将正确答案填写在横线上）

1．液压传动系统发生故障按使用时间一般分为三个阶段，分别是______工作故障阶段、______工作故障阶段和____________故障阶段。

2．在维修液压系统时，应本着____________、____________、____________的原则，制定出修理方案。

四、问答题

1．在维修液压传动系统时，首先要了解液压传动系统的哪些内容？

2．在分析液压传动系统故障时，“望”指的是什么？

3．在分析液压传动系统故障时，“问”指的是什么？

§8-4　常用液压元件的故障排除

一、选择题（将正确答案的序号填写在括号内）

1．（　　）会造成齿轮泵不吸油。

A．电动机的转向错误

B．油中有气泡

C．油箱容积太小或油冷却器冷却效果太差

D．齿轮的轴向间隙及径向间隙过小

2．吸油口过滤器过滤精度过高，造成齿轮泵吸油不畅且（　　）。

A．输出油的压力不高、流量不足　　B．噪声过大

C．压力波动厉害　　D．泵旋转不灵活

3．油液黏度太大不会造成齿轮泵（　　）。

A．输出油的流量不足　　B．压力波动厉害

C．油温上升过快　　D．卡死

4．（　　）会造成活塞式液压缸的活塞爬行。

A．活塞杆拉毛或与缸盖间隙过大　　B．活塞杆上密封圈或防尘圈损伤

C．工作压力过高　　D．液压缸内有空气或油中有气泡

5．（　　）会造成电磁换向阀噪声大。

A．弹簧太硬　　B．电磁铁损坏

C．油液黏度太大　　D．电磁铁铁芯的吸合面不平

二、判断题（正确的，在括号内打√；错误的，在括号内打 ×）

1．吸入管道漏气不会造成叶片泵噪声过大。（　　）

2．油箱中通气孔被堵会造成轴向柱塞泵噪声过大。（　　）

3．活塞式液压缸的活塞杆弯曲会造成外部漏油。（　　）

4．阀芯与阀座接触不紧密会造成液控单向阀关闭时阀芯不能恢复到初始封油位置。（　　）

5．液控换向阀或电液换向阀的控制液压油压力过低会造成阀芯不能移动。（　　）

6．减压阀的泄油口不通或泄油通道堵塞会造成不能减压或无二次压力。（　　）

7．单向减压阀中的单向阀泄漏过大会造成压力不稳定。 （ ）

8．先导式顺序阀的先导阀泄漏严重会造成顺序阀不起顺序控制作用。 （ ）

9．油液污染致使阀芯卡阻会造成调速阀流量调节失灵。 （ ）

10．油温过高会造成节流阀流量调节失灵。 （ ）

三、填空题（将正确答案填写在横线上）

1．轴向柱塞泵的常见故障主要有泵__________或无压力、泵______、______不稳定、泵不正常______、______过大等。

2．径向柱塞泵故障产生的原因主要是由于油液______和运动副之间的______引起的。

3．活塞式液压缸的常见故障主要有____________、____________和__________________等。

4．油液污染往往是造成径向柱塞泵____________、______、______等故障的重要原因。

四、问答题

1．造成齿轮泵油温上升过快的原因主要有哪些？

2．造成叶片泵不吸油或无压力的原因主要有哪些？

3．造成轴向柱塞泵噪声过大的原因主要有哪些？

4．造成活塞式液压缸动作缓慢无力的原因主要有哪些？

5．单向阀的常见故障有哪些？产生故障的原因是什么？如何排除？

6．造成溢流阀压力不稳定的原因主要有哪些？

7．造成减压阀压力不稳定的原因主要有哪些？

8．节流阀的常见故障主要有哪些？产生故障的原因是什么？

9．造成调速阀流量不稳定的原因主要有哪些？

§8-5　液压回路与系统的故障排除

一、选择题（将正确答案的序号填写在括号内）

1．流量脉动太大会造成速度控制回路（　　）。

A．速度不稳　　B．换向后，工作元件仍向前走

C．液压缸锁不紧　　D．电液换向阀不动作

2．控制油路在泵卸荷时无压力油供应会造成速度控制回路的（　　）。

A．速度不稳　　B．换向后，工作元件仍向前走

C．电液换向阀不动作　　D．液压缸锁不紧

3．造成液压传动系统压力过高的原因主要有（　　）。

A．液压泵损坏　　B．溢流阀的滑阀卡死在关闭位置

C．油液中有空气　　D．油液污染，过滤器堵塞

二、判断题（正确的，在括号内打√；错误的，在括号内打 ×）

1．节流阀或调速阀前后压差太大会造成速度控制回路的速度不稳。（　　）

2．减压阀外泄油路有背压会造成减压阀后面的压力不稳定。（　　）

3．溢流阀与顺序阀的调定值不匹配会造成压力控制回路的振动或啸叫。（　　）

4．电动机转速过高会造成液压传动系统流量脉动大。（　　）

5．液压传动系统的背压过高会造成油液过热。（　　）

6．减少液压传动系统中的弯头数量可以减少系统压力损失。（　　）

三、填空题（将正确答案填写在横线上）

1．液压传动系统的泄漏主要发生在__________处和__________处。

2．各种____________是发生外泄漏的主要部位。液压元件的______、__________、阀板间和阀块间的接合面等部位也会发生外泄漏。

3．运动密封主要是_______________和__________的密封。

4．在液压传动系统中，当执行元件在低速运动时，出现速度明显不均匀的运动现象称为______。

5．运动部件出现爬行现象的原因是部件由静止状态变为运动状态的过渡中，存在着摩擦力______现象。

四、问答题

1．速度控制回路的常见故障主要有哪些？

2．压力控制回路产生振动、啸叫的原因主要有哪些？

3．液压传动系统产生压力过低的原因主要有哪些？

4．液压传动系统造成无流量的原因主要有哪些？

5. 液压传动系统造成流量不足的原因主要有哪些?

6. 造成液压泵吸空的原因主要有哪些?

7. 液压传动系统产生液压冲击的原因主要有哪些?

8．治理液压传动系统外泄漏的措施主要有哪些?

9．清除液压传动系统爬行的方法有哪些?